U0873665

校企“双元”合作开发教材
新编21世纪高等职业教育精品教材·通识课系列

大数据基础（第二版）

主　编　姚培荣
副主编　滕延秀　朱　敏
参　编　张昭君　秦　敏　王　坤
主　审　刘曙光（新道科技股份有限公司副总裁）

中国人民大学出版社
·北京·

前 言

自本书第一版出版以来，大数据已步入高速发展的快车道，深度渗透经济社会各维度，成为驱动全球变革的关键力量，该领域格局与态势日新月异。

党的二十大报告指出："加快发展数字经济，促进数字经济和实体经济深度融合，打造具有国际竞争力的数字产业集群。"近年来，各级政府密集颁布一系列重磅政策，全方位布局大数据战略。国家层面将大数据明确列为国家战略性新兴产业的关键领域，规划产业发展路线图，加大财政投入与政策扶持力度，聚焦核心技术研发突破、产业生态培育壮大及应用示范推广，全力打造大数据产业创新发展高地。地方政府积极响应，因地制宜制定配套措施，通过设立专项基金、建设产业园区、实施税收优惠与人才引育政策，吸引大数据企业集聚发展，促进大数据技术与地方特色产业深度融合，催生区域经济新增长点与创新发展新动能。在数据治理与安全保障维度，我国持续完善法律法规体系，严格规范数据采集、存储、处理、使用与共享全流程，强化数据安全监管执法，筑牢数据安全防护网，为大数据产业健康有序发展营造良好的法治环境。

在技术创新前沿，大数据处理架构持续迭代进化。新兴分布式计算架构层出不穷，其卓越的自适应调度与高效并行处理能力，在应对 EB 级海量数据时游刃有余，大幅提升了数据处理效率，极大地拓展了大数据分析的深度与广度，有力支撑起全球气候模拟、基因测序与大数据分析等超大规模复杂数据应用场景。存储技术领域亦是成果丰硕，新型存储技术以创新架构突破传统瓶颈，在保障数据高可靠、强一致的前提下，大幅提升了读写速度并显著降低了存储成本，为数据资产的长期安全存储与即时高效调用开辟了新路径，满足了互联网、金融等数据密集型行业爆发式增长的存储需求。

在应用实践层面，大数据在多领域掀起创新变革浪潮。医疗健康行业依托大数据技术迈向精准医疗新纪元，海量医疗数据的深度挖掘与融合分析推动疾病基因靶点精准定位、个性化治疗方案智能生成及医疗资源高效配置优化，显著提升了医疗服务的精准度与效率，重塑了医疗服务模式与产业生态。制造业深度融合大数据与工业互联网，构建全流程数字化、智能化生产体系，基于实时数据分析实现设备故障智能预警、生产工艺动态优化与供应链精准协同，有效地降低了生产成本，提升了产品品质与生产效率，助力制造业向高端制造、智能制造加速转型，成为产业升级核心引擎。在教育数字化转型进程中，大数据作为关键支撑技术，全面赋能教育教学全流程。通过对学生学习行为、知识掌握状况及学习路径的多源数据进行采集与深度分析，大数据为教师提供精准教学决策依据，实现个性化学习计划定制与智能辅导推送，有力地促进了教育公平与质量提升，驱动教育理念与模式创新变革，构建智慧教育新生态。

值此大数据蓬勃发展之际，为紧密结合前沿趋势与职业教育进阶需求，我们精心筹备并对《大数据基础》一书进行了修订。本书深度重塑知识架构，项目一“大数据概述”，深度追踪最新技术演进轨迹与产业生态变革趋向，系统阐释前沿技术原理内核与行业标准规范动态，助力读者精准把握大数据发展方向与战略价值坐标；项目二“大数据思维”，紧密整合各行业数字化转型实践路径，系统阐述数据驱动决策、跨界融合创新等思维范式在多元领域的实施策略与创新实践路径，深度培育读者数据洞察、创新构思与战略决策能力；项目三“数据库基础知识”，全面接轨最新数据库技术体系，强化数据库架构设计、性能优化与安全管理等实践技能链条，夯实数据存储管理核心能力基石；项目四“大数据分析技术及相关应用”，引入大数据分析前沿实战应用，结合真实项目案例讲解数据挖掘、预测分析等实战技法，提升读者高级数据分析实操水平与创新应用能力；项目五“数据可视化概论”，聚焦前沿可视化工具套件与交互设计技术，通过多维动态可视化数据叙事、信息传播与决策支持领域的创新实践范例，提升数据可视化设计美学素养与信息精准高效传达能力；项目六“大数据安全”，紧密追踪网络安全严峻形势与法规政策动态演进，深度解析数据加密、隐私保护等前沿技术体系与合规策略框架，强化安全防护意识、实操技能与应急处置能力培养；项目七“大数据与新一代信息技术的融合应用”，全景展示 5G、区块链、人工智能与大数据融合创新架构蓝图、典型应用场景集萃与深度实践案例解析，例如多技术融合在智能交通、智慧农业等领域的突破性案例剖析，助力读者洞悉前沿技术融合协同创新机制与产业变革赋能路径。

《大数据基础（第二版）》凝聚了校企团队的智慧心血与不懈努力，感谢新道科技股份有限公司、帆软软件有限公司及行业资深专家持续鼎力支持，企业编写人员在本书中深度融入前沿知识与技能、提供鲜活案例资源以及分享实践经验。然而，大数据发展瞬息万变，虽然团队殚精竭虑，书中或存疏漏瑕疵，诚盼广大读者不吝赐教，批评指正。让我们携手并肩推动大数据教育创新发展，为培育契合时代需求的数据素养精英人才、助力产业数字化转型与经济社会高质量发展贡献智慧力量！

编者

2025 年 5 月

目　录
CONTENTS

项目一

大数据概述

知识目标

- 熟悉数据的生命周期
- 了解数据战略
- 了解大数据分析
- 了解大数据的应用方向及产业情况

能力目标

- 掌握数据的概念
- 掌握数据的类型
- 掌握大数据的概念
- 掌握大数据的特征及技术

素质目标

- 掌握数据与大数据的概念，并准确把握其关联与区别
- 准确把握大数据的发展趋势

任务一
数据

一、数据的概念

数据（data）是指对客观事件进行记录并可以鉴别的符号，是对客观事物的性质、状态以及相互关系等进行记载的物理符号或这些物理符号的组合。对数据的含义的理解要把握以下几点：

第一，数据是可识别的、抽象的符号。

第二，数据和信息是不可分离的，数据是信息的表达，信息是数据的内涵。数据本身没有意义，数据只有对实体行为产生影响时才成为信息。因此，数据是信息的表现形式和载体，可以是符号、文字、数字、语音、图像、视频等。

第三，数据可以是连续的值，如声音、图像，称为模拟数据；也可以是离散的值，如符号、文字，称为数字数据。

第四，在计算机系统中，各种字母和数字符号的组合、语音、图形、图像等统称为数据，数据经过加工后就成为信息。在计算机系统中，数据是指所有能输入计算机并被计算机程序处理的符号的介质的总称，是用于输入电子计算机进行处理，具有一定意义的数字、字母、符号和模拟量等的通称。

二、数据的类型

（一）按性质分

数据按性质分为以下几类：

（1）定位数据，如各种坐标数据；

（2）定性数据，如表示事物属性的数据（河流、道路等）；

（3）定量数据，反映事物数量特征的数据，如长度、面积、体积等几何量或重量、速度等物理量；

(4) 定时数据，反映事物时间特性的数据，如年、月、日、时、分、秒等。

(二) 按表现形式分

数据按表现形式分为以下几类：

(1) 数字数据，如各种统计或测量数据；

(2) 模拟数据，由连续函数组成，是指在某个区间内连续变化的物理量，又可以分为图形数据（如点、线、面）、符号数据、文字数据和图像数据等，如声音的大小和温度的变化等。

(三) 按记录方式分

数据按记录方式分为以地图、表格呈现，以影像、磁带、纸带等介质存储的数据。

(四) 按数字化方式分

数据按数字化方式分为矢量数据、格网数据等。

知识拓展

数据的语义

数据的表现形式还不能完全表达其内容，需要经过解释。数据和关于数据的解释是不可分的。例如，130 是一个数据，可以是某门课程的成绩，也可以是某个人的体重，还可以是某个班级的人数。数据的解释是指对数据含义的说明，数据的含义称为数据的语义。数据与其语义是不可分的。

三、数据的生命周期

数据的生命周期指的是数据从创建到销毁的整个过程，通常根据指定的策略将数据组织成各个不同的层，并基于那些关键条件自动地将数据从一个层移动到另一个层。作为一项规则，较新的数据和那些很可能被更加频繁访问的数据，应该存储在更快的且更昂贵的存储媒介上，而那些不是很重要的数据则可以存储在比较便宜的、稍微慢些的媒介上。

基于大数据环境下数据在组织机构业务中的流转情况，我们定义了数据生命周期的 6 个阶段，具体各阶段的定义如下：

(1) 数据采集阶段：新的数据产生或现有数据内容发生显著改变或更新的阶段。对于组织机构而言，数据既包含在组织机构内部系统中生成的数据，也包含组织机构从外部采集的数据。

(2) 数据存储阶段：非动态数据以任何数字格式进行物理存储的阶段。

(3) 数据处理阶段：组织机构在内部针对动态数据开展采集、清洗、转换、分析等一系列操作的阶段。

（4）数据传输阶段：数据在组织机构内部通过网络从一个实体传送到另一个实体的阶段。

（5）数据交换阶段：组织机构内部在与外部组织机构及个人交互的过程中提供数据的阶段。

（6）数据销毁阶段：通过对数据及数据的存储介质采取相应的操作手段，使数据彻底销毁且无法通过任何手段恢复的阶段。

特定的数据所经历的生命周期由实际的业务场景所决定，并非所有的数据都会完整地经历这 6 个阶段。

知识拓展

数据资源使用许可与保密协议

编号（　　　　）

管理方：

使用方：

数据用途及内容：

我单位承担×××单位的“×××项目”，需向×××申请使用×××数据。为规范×××数据使用，保证数据应用安全，防止数据泄密，特签订如下协议。

一、使用方必须遵守以下使用协议：

1. 使用方对从×××处获取的数据享有受限使用权，仅限于在×××项目工作范围内使用，不得透露给任何第三方。

2. 使用方必须在使用数据所形成的成果的显著位置注明该数据版权的所有者（×××）。

3. 使用方对许可使用的数据不拥有复制、传播、出版、翻译成外国语言等权利，不得以商业目的使用该数据或者开发和生产产品。数据的任何格式或者任何复制品都视同原始数据。使用方可根据需要对数据内容进行必要的修改和对数据格式进行转换，但未经许可不得将修改、转换后的数据对外发布和提供，并须将修改、转换的情况及修改、转换的内容向管理方备案。

4. 使用方不得使用数据从事危害国家安全、社会公共利益和他人合法权益的活动。

5. 若使用方违反本协议规定，管理方有权责令使用方停止使用共享数据并归还管理方，且将再复制的该数据及其衍生品全部删除。

6. 在数据使用期限内，管理方有权对使用方数据成果使用情况、数据存储设备管理情况、数据保密管理情况进行检查。管理方如发现存在严重泄密倾向，将有权责令使用方停止使用共享数据，归还数据，且将再复制的该数据及其衍生品全部删除。

7. 使用方在数据使用期限（____年__月__日至____年__月__日）结束后须及时归还数据，且将再复制的该数据及其衍生品全部删除。

二、使用方必须遵守以下保密协议：

1. 使用方必须按国家有关保密法律法规的要求，采取有效的保密措施，确保资料安全，严防丢失、泄密。

2. 使用×××项目数据仅限用于申请使用的范围，不得挪作他用。发表论文、报告、讲话等涉及数据内容应书面告知管理方。

3. 使用方在本单位内须严格进行数据使用管理，控制数据知悉范围，建立专人负责制度，制定数据使用管理台账，告知使用人员保密要求，并与数据使用人员签订保密承诺书。

4. 使用方必须设置数据专用计算机，专人负责，专机专用。数据专用计算机禁止连接互联网，禁止通过网络传输数据信息。不得将数据或衍生成果在互联网上登载。

三、违约责任：

1. 使用方使用×××项目数据违反有关保密规定的，依照《中华人民共和国保守国家秘密法》《中华人民共和国测绘成果管理条例》等有关法律法规的规定处理。

2. 使用方违反本协议规定的，管理方有权对因此造成的损失要求赔偿；构成犯罪的，由司法机关追究其刑事责任。

3. 因使用方使用或保管数据不当，导致知识产权纠纷或失密事件，由使用方负全部法律责任。

四、本协议一式四份，管理方持三份，使用方持一份，具有相同的法律效力。

五、本协议由双方法人代表或代理人签字后生效。

管理方：（盖章）
法人代表或代理人：（签字）
时间：____年__月__日

使用方：（盖章）
法人代表或代理人：（签字）
时间：____年__月__日

四、数据战略

随着数字经济在全球加速推进以及 5G、人工智能、物联网等相关技术的快速发展，数据已成为影响全球竞争的关键战略性资源。我们只有获取和掌握更多的数据资源，才能在新一轮的全球话语权竞争中占据主导地位。目前，全球数据量在飞速增长，各国数据战略布局步伐加快。

（一）美国联邦数据战略焦点从“技术”转移到“资源”

自 2012 年以来，美国极力推动大数据领域前沿核心技术的发展和科学工程领域的发明创造，致力于打造有活力的数据创新生态。2019 年，美国白宫行政管理和预算办公室

（Office of Management and Budget，OMB）发布《联邦数据战略与 2020 年行动计划》，其核心目标是“将数据作为战略资源开发”。《联邦数据战略与 2020 年行动计划》确立了 40 项数据管理的具体实践目标，包括重视数据并促进共享、保护数据资源、有效使用数据资源三个层面。

美国通过“大数据研究和发展倡议”，旨在通过收集、处理庞大而复杂的数据信息，加快科学、工程领域的创新步伐，强化国土安全，转变教育和学习模式。2012 年，美国政府发布的“构建 21 世纪数字政府”战略规划，通过政府的开放数据平台建设吸引更多参与者，推进政府自身的公共数据公开。此外，美国还通过成立“大数据高级指导小组”，增强联邦政府收集和分析数据的能力。

（二）欧盟数据战略致力于发展数据敏捷型经济体

数据已成为经济社会发展的命脉，欧盟致力于平衡数据流动和广泛使用，希望通过建立单一的数据市场，确保欧洲在未来的数据经济中占据领先地位。2020 年 2 月，欧盟委员会公布了《欧盟数据战略》，提出了到 2030 年欧洲将成为世界上最具有吸引力、最安全、最具有活力的数据敏捷型经济体的愿景目标。也就是说，在保持高度的隐私、安全和道德标准的前提下，欧盟充分发掘数据利用的价值造福经济社会，并确保每个人都能从数字红利中受益。为推进欧盟数据一体化和提升欧盟国家的市场主体竞争力，《欧盟数据战略》提出了四大支柱性战略措施：一是构建跨部门治理框架，二是加强数据投入，三是提升数据素养，四是构建数据空间。

欧盟还制定了《数据法案》。该法案旨在确保数字环境的公平性，刺激竞争激烈的数据市场，为数据创新驱动提供机会，并使所有人更容易获得数据。这一法案是欧盟塑造数字未来的更广泛战略的一部分。2024 年 7 月，欧盟委员会发布了关于《通用数据保护条例》（GDPR）实施的报告，提出了进一步改善的建议。GDPR 已成为欧盟数字化转型的关键组成部分，其基本原则——公平、安全和透明处理个人数据——支撑着所有涉及个人数据处理的欧盟政策。尽管存在一些挑战，但大多数利益相关者、数据保护机构和欧盟成员国认为 GDPR 已经为个人和企业带来了重要的成果。

（三）英国通过数据战略助力经济复苏

2020 年 9 月，英国数字、文化、媒体和体育部（DCMS）发布了《国家数据战略》，支持英国对数据的使用，提出五项“优先任务”。这五项任务包括：（1）释放数据的价值；（2）确保促进增长和可信的数据体制；（3）转变政府对数据的使用，以提高效率并改善公共服务；（4）确保数据所依赖的基础架构的安全性和韧性；（5）倡导国际数据流动。英国《国家数据战略》还包括设立政府首席数据官，改变政府当前的数据使用方式，以此提高效率并改善公共服务；通过立法提高智慧数据计划的参与度；在支持创新发展的同时，致力于解决当前数据共享中存在的障碍等。

英国政府于 2024 年正式出台了《数字发展战略（2024—2030）》。该数字发展战略由英国数字、文化、媒体和体育部（DCMS）牵头制定，并在战略制定过程广泛征求了政府各部门、行业协会、科技企业和公众的意见，力求在多方协作的基础上，形成一幅切实可行的数字发展蓝图。《数字发展战略（2024—2030）》涵盖了数字基础设施、数字技能、数字经济、数字政府和数字安全五大重点领域，提出了一系列具体措施，旨在推动英国全面迈向数字化新时代。

（四）我国政府高度重视大数据的发展

我国国家大数据战略的谋篇布局经历了四个阶段。

1. 预热阶段

2014 年，“大数据”一词首次写入国务院政府工作报告，为我国大数据发展的政策环境搭建开始预热。从这一年起，“大数据”逐渐成为各级政府和社会各界的关注热点。中央政府开始提供积极的支持政策与适度宽松的发展环境，为大数据发展创造机遇。

2. 起步阶段

2015 年，国务院正式印发了《促进大数据发展行动纲要》（国发〔2015〕50 号）。《促进大数据发展行动纲要》成为我国发展大数据的首部战略性指导文件，对包括大数据产业在内的大数据整体发展作出了部署，体现出国家层面对大数据发展的顶层设计和统筹布局。

3. 落地阶段

《中华人民共和国国民经济和社会发展第十三个五年规划纲要》的公布标志着国家大数据战略的正式提出，彰显了中央对大数据战略的重视。2016 年，工业和信息化部印发了《大数据产业发展规划（2016—2020 年）》，为大数据产业发展奠定了重要的基础。

4. 深化阶段

2022 年 10 月，党的二十大报告明确提出：“加快发展数字经济，促进数字经济和实体经济深度融合，打造具有国际竞争力的数字产业集群。”大数据是数字经济的关键生产要素，此表述强调大数据技术在推动实体经济数字化转型中的重要作用，鼓励企业利用大数据分析消费者需求、优化生产流程、提升供应链效率等，让实体经济借助大数据实现降本增效的目标，提升竞争力，从而推动数字经济与实体经济深度融合。“加快建设制造强国、质量强国、航天强国、交通强国、网络强国、数字中国”，建设数字中国需要构建完善的数字基础设施和数据资源体系，以大数据作为核心资源，在数据收集、存储、分析、应用等环节，在提升国家数字化治理能力、促进产业数字化转型以及优化公共服务等方面，为数字中国建设提供重要支撑。发展大数据产业是打造数字产业集群的重要组成部分。大数据技术的创新与应用，可催生数据存储、分析、安全等相关产业，形成完整产业链，提升产业集群竞争力，助力我国在全球数字经济竞争中占据优势地位。

国家大数据战略强调加快建设数字中国，通过加强数字基础设施建设，促进数据要素市场的形成。2024 年以来，中国数据基础设施建设遍地开花，云计算、区块链、人工智能等基础设施建设全面提速，支撑企业资产上云、产业链上云、产业集群上云。此外，全国统一的数据市场规则开始建立，推动数据的流动和价值体现，为数字中国建设奠定基础。

任务二
大数据

一、大数据的概念

“大数据”概念最早出现在 1980 年，由著名的未来学家阿尔文·托夫勒（Alvin Toffler）在其著作《第三次浪潮》中提出。2009 年，美国互联网数据中心证实大数据时代的来临。而在今天，我们已经能充分感受到大数据的魅力和影响力。许多人看到“大数据”一词，会先入为主地认为大数据就是“大量数据”或者“强大的数据”。其实并非这样，“大”意为：“有用的”“实用的”“有价值的”。关于大数据的确切定义，不同组织从不同角度给出了不同的定义。

全球领先的管理咨询公司麦肯锡给出的大数据定义是：一种规模大到在获取、存储、管理、分析方面大大超出了传统数据库软件工具能力范围的数据集合，具有海量的数据规模、快速的数据流转、多样的数据类型和价值密度低四大特征。

著名研究机构高德纳（Gartner）咨询公司给出的定义是：大数据是需要新处理模式才能具有更强的决策力、洞察发现力和流程优化能力来适应海量、高增长率和多样化的信息资产。

国际数据公司（International Data Corporation，IDC）则侧重于从技术角度说明其概念：大数据处理技术代表了新一代的技术架构，这种架构通过高速获取数据并对其进行分析和挖掘，从海量且形式各异的数据源中更有效地抽取出富含价值的信息。

我们综合各种观点给出大数据的定义：大数据（Big Data）是指无法在一定时间范围内用常规软件工具进行捕捉、管理和处理的数据集合，是需要新处理模式才能具有更强的决策力、洞察发现力和流程优化能力的海量、高增长率和多样化的信息资产。

知识拓展

传统数据与大数据的区别

传统数据与大数据的区别见表 1-1。

表 1－1　传统数据与大数据的区别

维度	传统数据	大数据
数据格式	结构化数据	非结构化数据＋结构化数据
存储模式	集中存储	分布式存储
计算平台	数据库查询平台有较好的安全机制	分布式计算处理平台几乎没有安全机制
复杂度	相对简单	由于异构性，复杂度增加
计算物理环境	以服务器为主，有向云上转移的趋势，有较清晰的边界	云是主要的承载物理平台，但仍利用物理服务器，边界模糊
保护目标	机密性、完整性、可用性	机密性、完整性、可用性，同时要进一步考虑数据的真实性
数据库结构	SQL	SQL＋NoSQL
软件栈	C＋＋为主	Java 为主
主流规模	1～10 台	3～1 000 台，最高可支持上万台
包含的内容	集中存储、查询	存储、查询、计算、ETL、分布式应用程序协调服务

二、大数据的规模

我们传统的个人计算机处理的数据是 GB/TB 级别。例如，我们的硬盘现在通常是 1 TB/2 TB/4 TB 的容量。

TB、GB、MB、KB 的关系，大家应该都很熟悉了：

1 KB（KB-kilobyte）＝1 024 B

1 MB（MB-megabyte）＝1 024 KB

1 GB（GB-gigabyte）＝1 024 MB

1 TB（TB-terabyte）＝1 024 GB

而大数据是什么级别呢？PB/EB 级别。

大部分人都没有听过这两个级别，其实也就是继续翻 1 024 倍：

1 PB（PB-petabyte）＝1 024 TB

1 EB（EB-exabyte）＝1 024 PB

只是看这几个字母的话，貌似不是很直观。举例说明：

1 TB，只需要一块硬盘就可以存储，容量大约是 20 万张照片或 20 万首 MP3 音乐，或者是 631 903 部《红楼梦》小说。普通硬盘如图 1－1 所示。

图 1-1　普通硬盘

1 PB，需要大约 2 个机柜的存储设备。容量大约是 2 亿张照片或 2 亿首 MP3 音乐。如果一个人不停地听这些音乐，可以听上千年。2 个机柜如图 1-2 所示。

图 1-2　2 个机柜

1 EB，需要大约 2 000 个机柜的存储设备。如果并排放这些机柜，则可以连绵约 1.2 千米那么长。如果摆放在机房里，则需要约 21 个标准篮球场那么大的机房才能放得下。21 个篮球场如图 1-3 所示。

阿里、百度、腾讯这样的互联网巨头，数据量已经接近 EB 级。阿里数据中心内景如图 1-4 所示。

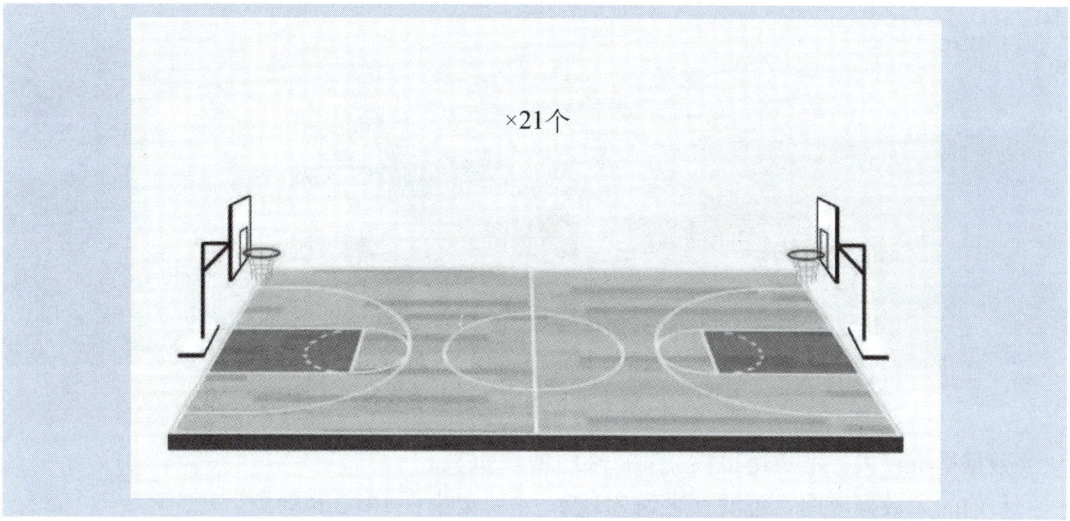

图 1－3　21 个篮球场

图 1－4　阿里数据中心内景

EB 还不是最大的。目前全人类的数据量是 ZB 级。

1 ZB（ZB-zettabyte）＝1 024 EB

2011 年，全球被创建和复制的数据总量达到 1.8 ZB。而到了 2035 年，全球数据产生量预计达到 2 142 ZB。如果建一个机房来存储这些数据，那么这个机房的面积将比 590 个国家体育场还大。国家体育场如图 1－5 所示。

图 1－5　国家体育场

数据量不仅大，增长还很快——每年约增长 50%。

目前的大数据应用，还没有达到 ZB 级，主要集中在 PB/EB 级别。

下面回顾一下人类社会数据产生的几个重要阶段。大致来说，有三个重要的阶段：

第一个阶段，就是计算机被发明之后的阶段。尤其是数据库被发明之后，数据管理的复杂度大大降低，各行各业都开始产生数据，从而被记录在数据库中。这时的数据以结构化数据为主，数据的产生方式也是被动的。世界上第一台通用计算机——ENIAC 如图 1－6 所示。

图 1－6　世界上第一台通用计算机——ENIAC

第二个阶段，是伴随着互联网 2.0 时代出现的。互联网 2.0 的最重要标志，就是用户原创内容。随着互联网和移动通信设备的普及，人们开始使用博客、Facebook、YouTube 这样的社交网络，从而主动产生了大量的数据。立体化社交网络示意如图 1－7 所示。

第三个阶段，是感知式系统阶段。随着物联网的发展，各种各样的感知层节点开始自动产生大量的数据，例如遍布世界各个角落的传感器、摄像头等。摄像头采集数据如图 1－8 所示。

图 1-7　立体化社交网络示意

图 1-8　摄像头采集数据

经过了“被动—主动—自动”这三个阶段的发展，人类数据总量急速膨胀。

三、大数据的特征

目前来说，关于大数据的特征还存在一定的争议。业界通常用 4 个 V，即数据量大（volume）、类型繁多（variety）、价值密度低（value）和高速性（velocity）来概括大数据的特征。

（一）数据量大

大数据的特征首先体现为“大”。非结构化数据的超大规模增长导致数据集合的规模不断扩大，数据单位已经从 GB 级到 TB 级再到 PB 级，甚至开始以 EB 级和 ZB 级来计数。数据只有体量达到 PB 级别以上，才能被称为大数据。1 PB 等于 1 024 TB，1 TB 等于 1 024 GB，那么 1 PB 等于 1 024×1 024 个 GB 的数据。随着信息技术的高速发展，数据开始爆发性增长。社交网络（微博、微信）、移动网络、智能工具、服务工具等，都成为数据的来源。因此，人们迫切需要智能的算法、强大的数据处理平台和新的数据处理技术，来统计、分析、预测和实时处理如此大规模的数据。

（二）类型繁多

如果只有单一的数据，那么这些数据就没有了价值。例如，只有单一的个人数据，或者单一的用户提交数据，这些数据还不能称为大数据。广泛的数据来源，决定了大数据形式的多样性。例如，当前的上网用户中，每个人的特征（如年龄、学历、爱好、性格等）都不一样，这体现了大数据的多样性。当然，如果扩展到全国，那么数据的多样性会更强，每个地区、每个时间段，都会存在各种各样的数据。任何形式的数据都有用，目前应用最广泛的就是推荐系统，如淘宝、网易云音乐、今日头条等，这些平台都会通过对用户的日志数据进行分析，从而进一步向用户推荐其喜欢的东西。日志数据是结构化明显的数据，还有一些数据的结构化不明显，如图片、音频、视频等，这些数据因果关系弱，就需要人工对其进行标注。

（三）价值密度低

这也是大数据的核心特征。现实世界所产生的数据中，有价值的数据所占比例很小。相比于传统的小数据，大数据最大的价值在于通过从大量不相关的各种类型的数据中，挖掘出对未来趋势与模式预测分析有价值的数据，并通过应用机器学习方法、人工智能方法或数据挖掘方法进行深度分析，发现新规律和新知识。例如，1 PB 以上的全国所有 20～35 岁年轻人的上网数据，具有商业价值，通过分析这些数据，我们就能知道这些人的爱好，进而指导产品的发展方向等。如果有了全国几百万病人的数据，我们就能根据这些数据进行分析，继而预测疾病的发生。这些都是大数据的价值。大数据运用广泛，可运用于农业、金融、医疗等各个领域，从而最终实现改善社会治理、提高生产效率、推进科学研究的目的。

（四）高速性

高速性就是指对数据的逻辑处理速度非常快，可从各种类型的数据中快速获得高价值的信息。这一点和传统的数据挖掘技术有着本质的不同。大数据的产生非常迅速，主要通过互联网传输。生活中，每个人都离不开互联网，也就是说每个人每天都在向大数据平台提供大量的资料。另外，这些数据是需要及时处理的，因为花费大量资本去存储作用较小的历史数据是非常不划算的。对于一个平台而言，也许需要保存的数据只有过去几天或一个月之内产生的，再久远的数据就要及时清理，不然代价太大。基于这种情况，大数据对处理速度有非常严格的要求，服务器中大量的资源都用于处理和计算数据，很多平台都需要做到实时分析。数据无时无刻不在产生，谁的处理速度更快，谁就有优势。随着大数据继续渗透到我们的日常生活中，围绕大数据的研究正在转向实际使用中的真正价值。

四、大数据的内涵理解

大数据是一门技术，也是一种全新的商业模式，代表着一种思维方式。它是大规模数据的集合体，更是数据对象、集成技术、分析应用、商业模式、思维创新的统一体。

（一）从对象角度来看，大数据是数据规模超出传统数据库处理能力的数据集合

大数据对象既可能是实际的、有限的数据集合，也可能是虚拟的、无限的数据集合。目前，数据的发展演进已由数据库时代走向大数据时代，数据量处于 TB 级，乃至 PB 级，甚至更高。但是，大数据并非大量数据简单、无意义的堆积，而是在数据之间存在或远或近、或直接或间接的关联性，具有分析挖掘的价值，并且数据集中存储和计算已经达到传统数据库软件无法处理的巨大数据量规模，具有非结构化数据无固定格式、变化多、并发高、增长速度快等特性。传统数据库研究讲究因果关系，强调的是数据精确性，而大数据研究则侧重于相关性，强调挖掘不同事物间的相关性，并以此作为判断的依据。此外，大数据使运算更依赖于数据而不是算法，较多的数据对结果的影响要好于一般统计数据。

（二）从技术角度来看，大数据是从海量数据中快速获得有价值信息的技术

大数据技术涉及数据采集、存储、管理、分析挖掘、可视化等技术及其集成。该技术可以从凌乱纷繁的数据背后找到更符合用户兴趣和习惯的产品和服务，并对产品和服务进行有针对性的调整和优化。传统数据库软件在应对大数据多样化格式上较为吃力，其存储、计算也难以获得满意的效果，因此并不适用于大数据分析，需要革新性的大数据技术来解决这些问题。现在常用的大数据技术包括：批量分布式并行计算技术、实时分布式高吞吐高并发数据存取处理技术、利用廉价服务器搭建高容错性并行计算架构技术等，涉及数据聚类、数据挖掘、分布式处理等领域。

（三）从应用角度来看，大数据是对特定数据集合应用相关技术获得价值的行为

大数据技术有着旺盛的应用需求和广阔的使用前景，可以释放商业价值，使数据更加透明，具有极强的行业应用需求特性。通过数据分析，企业能够了解不同市场之间的关联，发现新的产品和服务。企业可以将大数据分析技术用于在市场或行业内创造竞争优势，开拓新的商业机会。正因为与具体应用紧密联系，甚至是一对一的联系，“应用”才成为大数据不可或缺的内涵之一。

（四）从商业模式角度来看，大数据是企业获得商业价值的业务创新方向

大数据资源与技术的工具化运用，推动大数据产业链形成，以大数据为中心的扩张引发行业的跨界与融合。大数据使得企业在价值主张、关键业务与流程、收益模式等方面发生转变，向着全数据模式演进，以利用数据价值为核心，新型商业模式不断涌现。企业在制定大数据业务战略时，需要分析自身的业务基础和数据能力，选择适合的大数据商业模式。

（五）从思维方式来看，大数据是从第三范式中分离出来的一种科研范式

科学研究的第一范式是实验归纳，第二范式是模型推演，第三范式是计算机仿真模拟，第四范式是密集数据分析。图灵奖获得者吉姆·格雷（Jim Gray）提出：大数据是科学研究的第四范式，即以大数据为基础的数据密集型科研。之所以将大数据科研从第三范式中分离出来，是因为其研究方式不同于基于数学模型的传统研究方式。PB级数据使得人们可以做到没有模型和假设就进行数据的分析。将数据输入庞大的计算机集群中，只要有相互关系的数据，统计分析算法就可以发现传统科学方法发现不了的新模式、新知识，甚至新规律。科研的第四范式不仅是科研方式的转变，也是人们思维方式的大转变。

五、大数据分析

大数据，表面上看就是大量复杂的数据，这些数据本身的价值并不高，但是对这些大量复杂的数据进行分析处理后，却能从中提炼出很有价值的信息。对大数据的分析，主要分为五个方面：可视化分析（Analytic Visualization）、数据挖掘算法（Date Mining Algorithms）、预测性分析能力（Predictive Analytic Capabilities）、语义引擎（Semantic Engines）和数据质量管理（Data Quality Management）。

（1）可视化分析是普通消费者常常可以见到的一种大数据分析结果的表现形式，比如百度制作的“百度地图春节人口迁徙大数据”就是典型的案例之一。可视化分析将大量复杂的数据自动转化成直观形象的图表，使其能够更加容易地被普通消费者接受和理解。

（2）数据挖掘算法是大数据分析的理论核心，其本质是一组根据算法事先定义好的数学公式，将收集到的数据作为参数变量带入其中，从而能够从大量复杂的数据中提取出有价值的信息。著名的“啤酒和尿布”的故事就是数据挖掘算法的经典案例。沃尔玛通过对啤酒和尿布购买数据的分析，挖掘出以前未知的两者间的联系，并利用这种联系，提升了商品的销量。

（3）预测性分析能力是大数据分析最重要的应用领域。人们从大量复杂的数据中挖掘出规律，建立起科学的事件模型，通过将新的数据带入模型，就可以预测未来的事件走向。预测性分析能力常常被应用在金融分析和科学研究领域，用于股票预测或气象预测等。

（4）语义引擎是机器学习的成果之一。过去，计算机对用户输入内容的理解仅仅停留在字符阶段，不能很好地理解输入内容的意思，因此常常不能准确地了解用户的需求。通过对大量复杂的数据进行分析，计算机从中自我学习，能够尽量精确地了解用户输入内容的意思，从而把握住用户的需求，提供更好的用户体验。苹果的Siri和百度的小度都采用了语义引擎。

（5）数据质量管理是大数据在企业领域的重要应用。为了保证大数据分析结果的准确性，我们需要将大数据中不真实的数据剔除掉，保留最准确的数据。这就需要建立有效的数据质量管理系统，分析收集到的大量复杂的数据，挑选出真实有效的数据。

任务三
大数据时代

一、大数据时代概述

数据来源的极大丰富和数据体量的爆炸式增长促使大数据出现并得到广泛的应用。

大数据正以前所未有的速度，颠覆人们探索世界的方法，驱动产业间的融合与分离。各领域新技术、新工艺、新材料的不断出现，引领着各种新思维和新变革的产生，改变着人们的工作、学习和生活方式。智能终端的快速普及、通信网络的升级换代、应用程序的丰富多彩、海量数据的深入分析使得移动互联网的发展正在逐步超过传统互联网。而云计算和物联网技术的出现带来了服务交付模式、商业应用模式，以及设备之间互联互通、处理规模与能力的创新与提高。这些新技术的不断发展和成熟，客观上为大数据的产生奠定了基础，从而拉开了大数据时代的序幕。

大数据时代是建立在对互联网、物联网等渠道广泛、大量数据资源收集基础上的数据存储、价值提炼、智能处理和分发的信息时代。

无论是从数据规模和结构，还是从数据对社会生活和生产的影响来看，当下都已全面进入大数据时代。

二、大数据时代下大数据的应用方向

大数据是时代发展的必然产物。大数据时代，一切可量化，一切可分析。大数据不仅意味着海量、多样、迅捷的数据处理，更是一种颠覆性的思维方式、一项智能的基础设施、一场创新的技术变革。物联网、智慧城市、增强现实（AR）与虚拟现实（VR）、区块链技术、语音识别技术、人工智能（AI）、数字汇流是大数据未来应用的七大发展方向。

（一）物联网

物联网是把所有物品通过信息传感设备与互联网连接起来，进行信息交换，即物物相息，以实现智能化识别和管理。

知识拓展

大数据的发展趋势

大数据的发展趋势如图 1－9 所示。

趋势一	数据的资源化：大数据成为企业和社会关注的重要战略资源，并已成为大家争相抢夺的新焦点。因而，企业必须提前制定大数据战略，抢占市场先机。
趋势二	与云计算的深度结合：大数据离不开云处理。云处理为大数据提供了弹性可扩展的基础设施，是产生大数据的平台之一。自2013年开始，大数据技术已开始和云计算技术紧密结合，预计未来两者关系将更为密切。
趋势三	科学理论的突破：如同计算机和互联网，大数据很有可能引领新一轮的技术革命。随之兴起的数据挖掘、机器学习和人工智能等相关技术，可能会改变数据世界里的很多算法和基础理论，实现科技上的突破。
趋势四	数据科学和数据联盟的成立：未来，数据科学将成为一门专门的学科，被越来越多的人认知。各大高校将设立专门的数据科学类专业，也会催生一批与之相关的新的就业岗位。
趋势五	数据泄露泛滥：未来几年，数据泄露事件的增长率也许会非常高，除非数据在其源头就能得到安全保障。可以说，未来的每个“财富500强”企业都会面临数据攻击。而所有企业，都需要重新审视今天的安全定义。
趋势六	数据管理成为核心竞争力：数据管理直接影响财务表现。当“数据资产是企业核心资产”的概念深入人心之后，企业将持续发展数据管理能力，规划与运用数据资产成为企业数据管理的核心。
趋势七	数据质量是业务成功的关键：大数据处理能力更强的企业将更具有优势。但数据源带来的海量低质量数据形成巨大挑战。企业需要理解原始数据与加工数据之间的差距，消除低质量数据并通过商业智能（BI）获得最佳决策。
趋势八	数据生态系统复合化程度加强：未来，大量大数据活动构件与多元参与者元素复合成大数据生态系统，终端设备提供商、基础设施提供商、网络服务提供商、数据服务使用者、数据服务提供商等将无一缺席。

图 1－9　大数据的发展趋势

物联网是新一代信息技术的重要组成部分，也是“信息化”时代的重要发展阶段。

物联网的核心和基础仍然是互联网，是在互联网基础上延伸和扩展的网络；其用户端延伸和扩展到了任何物品与物品之间，进行信息交换和通信，也就是物物相息。物联网用途广泛，遍及智能交通、环境保护、政府工作、公共安全、平安家居、智能消防、工业监测、环境监测、路灯照明管控、景观照明管控、楼宇照明管控、广场照明管控、老人护理、个人健康、花卉栽培、水系监测、食品溯源、敌情侦查和情报搜集等多个领域。

（二）智慧城市

智慧城市就是运用信息和通信技术手段感测、分析、整合城市运行核心系统的各项关键信息，对包括民生、环保、公共安全、城市服务、工商业活动在内的各种需求做出智能响应。其实质是利用先进的信息技术，实现城市智慧化管理和运行，进而为城市居民创造更美好的生活，促进城市的和谐、可持续成长。这项趋势的成败取决于数据量是否足够，这有赖于政府部门与民营企业的合作。

一般来说，智慧城市包括十大智慧体系，分别为：智慧物流体系、智慧制造体系、智慧贸易体系、智慧能源应用体系、智慧公共服务体系、智慧社会管理体系、智慧交通体系、智慧健康保障体系、智慧安居服务体系、智慧文化服务体系。

（三）增强现实（AR）与虚拟现实（VR）

增强现实（Augmented Reality，AR）技术是一种实时地计算摄影机影像的位置及角度并加上相应图像、视频、3D模型的技术，这种技术的目标是在屏幕上把虚拟世界套在现实世界并进行互动。

AR技术应用领域非常广泛，诸如尖端武器和飞行器的研制与开发、数据模型的可视化、虚拟训练、娱乐与艺术等领域。AR技术由于具有能够对真实环境进行增强显示输出的特性，因此在医疗研究与解剖训练、精密仪器制造和维修、军用飞机导航、工程设计和远程机器人控制等领域，具有比VR技术更加明显的优势。随着随身电子产品的中央处理器（Central Processing Unit，CPU）运算能力的提升，增强现实的用途将会越来越广。

虚拟现实（Virtual Reality，VR）技术是一种基于计算机仿真的综合性技术。其核心在于创建并提供一个可交互的、沉浸式的三维虚拟环境。该技术通过计算机系统生成动态的三维视景，并融合多源信息，对环境中实体的行为进行仿真，最终使用户产生身临其境的沉浸感。

VR技术应用一开始以电玩为主，现在的应用却超越电玩，可以用来教学。VR技术已不仅仅被应用于计算机图像领域，它已涉及更广泛的领域，如电视会议、网络技术和分布式计算技术，并向分布式虚拟现实发展。虚拟现实技术已成为新产品设计开发的重要手段，如地产漫游（在虚拟现实系统中自由行走、任意观看，冲击力强，能使客户获得身临其境的真实感受，加快了合同签约的速度）、网上看房（用户在租售阶段通过互联网身临其境地了解项目的周边环境、空间布置、室内设计）等。

（四）区块链技术

区块链技术（Blockchain Technology，BT），也被称为分布式账本技术，是一种互联网数据库技术，其特点是去中心化、公开透明，让每个人均可参与数据库记录。

区块链技术是一种全民参与记账的方式。所有的系统背后都有一个数据库，用户可以把数据库看成一个大账本。

区块链有很多不同的应用方式，最常见的应用是比特币与其他加密货币的交易。

（五）语音识别技术

语音识别技术就是让机器通过识别和理解过程把语音信号转变为相应的文本或命令的技术。与机器进行语音交流，让机器明白你说什么，这是人们长期以来梦寐以求的事情。中国物联网校企联盟形象地把语音识别比作“机器的听觉系统”。语音识别技术主要包括特征提取技术、模式匹配准则及模型训练技术三个方面。

语音识别技术在移动终端上的应用极为火热，语音对话机器人、语音助手、互动工具等层出不穷。

当前，全球智能语音助手市场呈现出多元化格局。在海外，Google Assistant（谷歌助理）、Amazon Alexa（亚马逊 Alexa）和 Apple Siri（苹果 Siri）是主要领导者，广泛集成于各类智能设备与操作系统中。在中国市场，以科大讯飞、百度（小度）、阿里巴巴（天猫精灵）等为代表的企业依托先进的语音识别、自然语言处理及人工智能大模型技术，推出了具有广泛影响力的语音助手产品和解决方案。同时，智能语音交互技术已成为智能手机、智能家居、车载系统以及众多应用程序的核心功能模块，深度融入人们的日常生活与工作场景中。

预计未来 10 年内，语音识别技术将进入工业、家电、通信、汽车电子、医疗、家庭服务、消费电子产品等各个领域。

（六）人工智能（AI）

人工智能（Artificial Intelligence，AI）是研究、开发用于模拟、延伸和扩展人的智能的理论、方法、技术及应用系统的一门新的技术科学。

人工智能是计算机科学的一个分支，它试图了解智能的实质，并生产出一种新的能以与人类智能相似的方式做出反应的智能机器。该领域的研究包括机器人、语言识别、图像识别、自然语言处理和专家系统等。

人工智能的核心应用领域涵盖自然语言处理（如机器翻译、语义分析）、计算机视觉（如图像识别、视频理解）、智能控制与自动化（包括工业机器人、自动驾驶系统）、知识工程与决策支持（如专家系统）、程序智能生成与优化、海量数据挖掘与智能管理、航天器自主控制等特种应用场景，以及高危环境作业、超精密操作、巨量计算任务等人类难以直接执行的复杂领域。

（七）数字汇流

数字汇流是对未来冲击最大的一项趋势，就是将上述六项趋势合并起来的效果。

例如，近百亿个物联网设备可用区块链技术加强安全性；智慧城市通过物联网就能产生海量数据，这些数据需要由人工智能进行分析；虚拟现实和语音识别技术也需要通过人工智能不断学习。这些科技发展息息相关、相辅相成，所以数字汇流是最重要的趋势。

三、大数据时代下大数据技术

大数据技术起源于2000年前后互联网的高速发展时期。伴随着时代背景下数据特征的不断演变以及数据价值释放需求的不断增加，大数据技术已逐步演进为针对大数据的多重数据特征，围绕数据存储、处理计算的基础技术，同配套的数据治理、数据分析应用、数据安全流通等助力数据价值释放的周边技术组合起来而形成的整套技术生态。

如今，大数据技术的内涵伴随着大数据时代的发展产生了一定的演进和拓展，从基本的面向海量数据的存储、处理、分析等需求的核心技术延展到相关的管理、流通、安全等其他需求的周边技术，逐渐形成了一整套大数据技术体系，成为数据能力建设的基础设施。伴随着技术体系的完善，大数据技术开始向着降低成本、增强安全的方向发展。

（一）大数据基础技术

大数据基础技术是为应对大数据时代的多种数据特征而产生的。在大数据时代，数据量大、数据源异构多样、数据时效性高等特征催生了高效完成海量异构数据存储与计算的技术需求。在这样的需求下，面对迅速增长且数量庞大的数据量，传统关系型数据库单机的存储及计算性能有限，出现了大规模并行处理（Massively Parallel Processing，MPP）的分布式计算架构；面向海量网页内容及日志等非结构化数据，出现了基于Hadoop和Spark生态体系的分布式批处理计算框架；面向对时效性数据进行实时计算反馈的需求，出现了Apache Storm、Flink和Spark Streaming等分布式数据流处理计算框架。

（二）数据管理类技术

数据管理类技术有助于提升数据质量与可用性。在较为基本和急迫的数据存储、计算需求已在一定程度上得到满足后，如何将数据转化为价值成为下一个主要问题。最初，企业与组织内部的大量数据因缺乏有效的管理，普遍存在着数据质量低、获取难、整合不易、标准混乱等问题，使得数据后续的使用存在众多障碍。在此情况下，用于数据整合的数据集成技术，以及用于实现一系列数据资产管理职能的数据管理类技术随之出现。

（三）数据分析应用技术

数据分析应用技术可用于发掘数据资源的内蕴价值。在拥有充足的存储计算能力以及高质量可用数据的情况下，将数据中蕴含的价值充分挖掘出来并同相关的具体业务结合以实现数据的增值成为关键。用以挖掘数据价值的数据分析应用技术，包括简单统计分析与可视化展现技术，以及以传统机器学习和基于深度神经网络的深度学习为基础的挖掘、分析、建模技术纷纷涌现，帮助用户挖掘数据价值并进一步将分析结果和模型应用于实际业务场景中。

（四）数据安全流通技术

数据安全流通技术助力安全、合规的数据使用及共享。在数据价值被释放的同时，数据安全问题也愈加凸显，数据泄露、数据丢失、数据滥用等安全事件层出不穷，对国家、企业和个人用户造成了恶劣影响。如何应对大数据时代下严峻的数据安全威胁，在安全、合规的前提下共享及使用数据成为备受瞩目的问题。访问控制、身份识别、数据加密、数据脱敏等传统数据保护技术正积极地朝着更加适应大数据场景的方向不断发展，同时，侧重于实现安全数据流通的隐私计算技术也成为热门发展方向。

经典案例

大数据技术在金融风险评估中的应用案例

在金融行业，风险评估是核心环节，关乎金融机构的稳健运营与金融市场的稳定运行。传统风险评估方法多依赖于有限的财务数据和历史信用记录，难以全面、实时地评估风险。而大数据技术的崛起，为金融风险评估带来了全新变革。

以某大型商业银行为例，该银行每天会处理海量的客户交易数据、信用记录、行为数据，以及外部市场数据、宏观经济数据等。通过大数据技术，该银行构建了智能风险评估体系。

数据采集与整合：利用大数据平台，该银行从内部核心业务系统、客户关系管理系统，以及外部征信机构、社交媒体、电商平台等多渠道收集数据。这些数据涵盖客户基本信息、交易流水、消费偏好、社交关系等多个维度，打破了数据孤岛现象，形成了全面的客户数据画像。

数据分析与建模：借助机器学习算法和深度学习模型，该银行对整合后的海量数据进行深度分析。例如，通过聚类分析，将客户按照风险特征进行分类；运用逻辑回归模型，预测客户违约概率；利用神经网络模型，挖掘数据中的潜在模式和关联，识别异常交易行为。通过这些模型的训练和优化，该银行不断提升风险评估的准确性和时效性。

风险预警与决策支持：基于大数据分析结果，该银行建立了实时风险预警系统。当客户交易行为出现异常时，如短期内资金频繁大额转移、消费模式突然改变等，系统会自动触发预警，提示银行工作人员进行风险排查。同时，大数据分析结果为该银行的信贷审批、额度调整、利率定价等决策提供有力支持，使该银行能够根据客户的风险状况，制定差异化的金融服务策略。

通过大数据技术在风险评估中的应用，该银行取得了显著成效。不良贷款率有所降低，信贷审批效率有了提高，风险识别准确率也得到了提升。这不仅增强了银行抵御风险的能力，也为客户提供了更安全、高效的金融服务。

四、大数据时代下大数据产业

理解大数据产业，首先要搞清楚大数据技术、大数据资源和大数据产业之间的关系。大数据技术是指采集、获取、汇聚、处理数据的技术总称，包括数据的采集、数据预处理、分布式存储、数据库、数据仓库、机器学习、并行计算、可视化等；而大数据资源是指数据本身，是从资源利用的角度出发的，主要关心数据从哪里来、如何确权、如何处理、如何共享、如何交易流通、如何分析利用等问题。大数据产业则利用大数据技术作用于大数据资源，解决产业化落地问题。大数据产业发展趋势如图 1－10 所示。

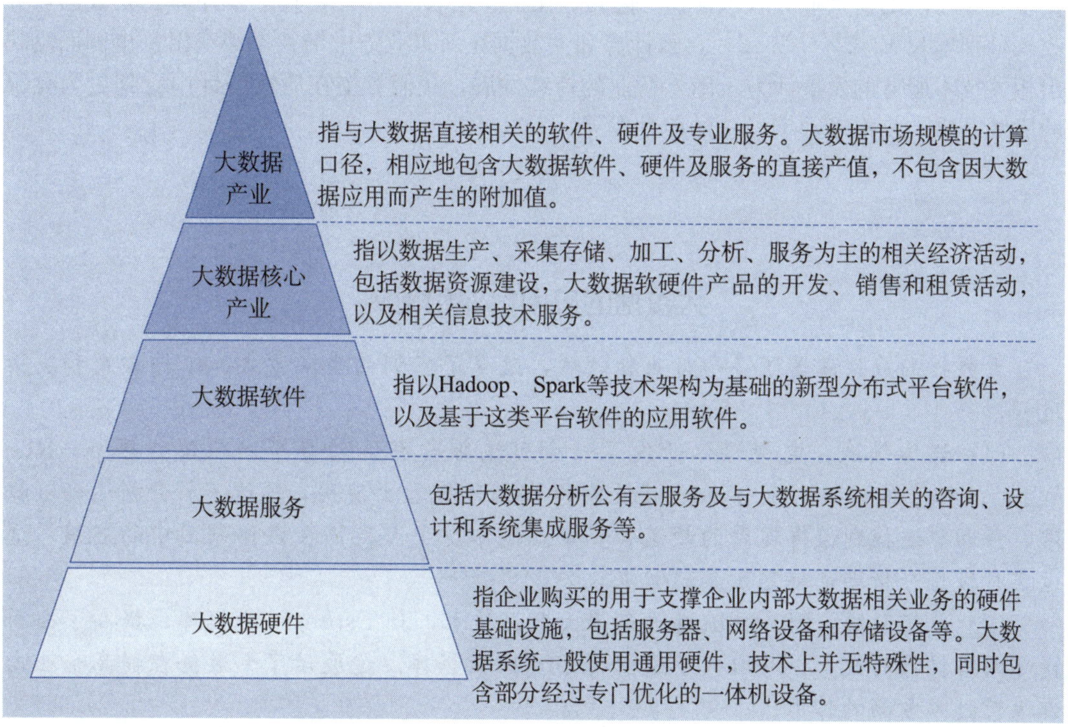

图 1－10　大数据产业发展趋势

资料来源：北大纵横管理咨询集团。

因此，大数据产业是以大数据技术为基础对数据进行生产、采集、储存、加工、分析、服务为主的相关经济活动，包括数据资源建设，大数据软硬件产品的开发、销售和租赁活动，以及相关信息技术服务。之所以能够形成大数据产业，主要原因是大数据是一种生产要素。在数字经济时代，数据如同农业经济时代和工业经济时代中的土地、劳动力、资本和石油一样成为关键生产要素。数据所蕴含的巨大创新价值，对于商业模式创新、产业数字化转型、经济高质量发展、治理能力现代化乃至重大科学发现都是必不可少的。

随着人类社会步入数据驱动的数字经济时代，数据要素进一步提升了全要素生产率。在数字社会，数据具有基础性战略资源和关键性生产要素的双重角色。一方面，有价值的数据资源是生产力的重要组成部分，是催生和推动众多数字经济新产业、新业态、新模式发展的基础。另一方面，数据区别于以往生产要素的突出特点是，数据对其他要素资源具有乘数作用，可以放大劳动力、资本等要素在社会各行业价值链流转中产生的价值。善用数据生产要素，解放和发展数字化生产力，有助于推动数字经济与实体经济深度融合，实现高质量发展。

根据工业和信息化部公布的数据，2024 年 1—11 月，我国云计算、大数据服务共实现收入 12 691 亿元，同比增长 10.5%。从前 11 个月的收入情况及增长趋势来看，其展现出了强劲的上升势头。在通信业领域，2024 年完成包括云计算、大数据、移动物联网、数据中心等在内的新兴业务收入 4 348 亿元，比上年增长 10.6%，其中云计算、大数据业务收入分别增长 13.2%、69.2%，云计算和大数据在新兴业务中增长态势突出，也侧面反映出相关技术服务的发展活力。随着行业的持续发展，我们有望在后续统计中看到更为亮眼的成绩，进一步推动数字经济的蓬勃发展。

知识拓展

大数据的应用行业和领域

大数据的应用涵盖了多个行业和领域，改变了我们的生活方式、工作方式和决策过程。

(1) 媒体领域：电视媒体开发了一个可追踪所有运动赛事的应用程序——RU-WT，该程序能够在 iOS、Android 设备和 Web 浏览器上使用，通过不断分析运动数据流，帮助球迷找到值得观看的频道和赛事。这体现了大数据在媒体领域中的应用，通过实时数据分析满足特定用户的需求。

(2) 社交网络：LinkedIn 通过部署大数据技术，如 Espresso 数据库，提高了公司内部网络操作的效率，并取代了遗留的 Oracle 数据库。这展示了大数据在提高企业内部运营效率方面的作用。

(3) 医疗行业：美国某医院采用国际商业机器公司（IBM）的沃森技术进行医疗保健内容分析预测，通过大数据处理更好地分析病人信息，提高了医疗服务的质量和效率。这体现了大数据在医疗领域中的应用，通过大数据分析优化治疗计划，提高治疗效果。

（4）智慧城市：某城市通过与IBM合作，利用物联网技术将城市的所有资源数字化并连接起来，通过监测、分析和整合数据智能化地响应市民需求，降低能耗和成本。这体现了大数据在城市建设和管理中的应用。

（5）金融领域：金融机构利用大数据检测欺诈活动、管理风险，并做出数据驱动的投资决策。大数据的应用提高了金融服务的安全性和效率。

（6）工业制造：制造企业通过大数据优化生产流程、减少停机时间、预测维护需求，从而提高生产效率并降低成本。这显示了大数据在工业制造中的应用。

（7）政府决策：政府机构利用大数据进行政策制定、城市规划和资源配置，实现循证决策，改善公共服务。大数据的应用帮助政府机构更科学地制定政策和规划。

（8）能源领域：利用大数据优化能源生产和分配、识别消费模式、提高能源使用效率。这体现了大数据在能源管理和优化方面的应用。

这些案例展示了大数据在不同行业和领域中的应用。通过数据分析，大数据在优化决策、提高效率、降低成本、增强安全性等方面发挥了重要作用。

项目小结

人类已经步入大数据时代，我们的生活被数据“环绕”，并被数据深刻改变。作为大数据时代的公民，我们应该接近数据，了解数据，并利用好数据。因此，本项目首先从数据入手，讲解了数据的概念、类型、生命周期等内容；然后，切入大数据的概念，介绍了传统数据与大数据的区别、大数据的特征以及对其内涵的理解；最后，讨论了大数据时代下大数据的应用方向、大数据技术，以及大数据产业。

实训练习

应知考核

一、单项选择题

1.（　　）是指对客观事件进行记录并可以鉴别的符号，是对客观事物的性质、状态以及相互关系等进行记载的物理符号或这些物理符号的组合。

A. 数据　　B. 数字　　C. 文字　　D. 信息

2.（　　）是信息的表现形式和载体，可以是符号、文字、数字、语音、图像、视频等。

A. 字母　　B. 数字　　C. 数据　　D. 信息

3.（　　）阶段是指新的数据产生或现有数据内容发生显著改变或更新的阶段。

A. 数据采集　　B. 数据存储　　C. 数据处理　　D. 数据传输

4.（　　）阶段是指非动态数据以任何数字格式进行物理存储的阶段。

A. 数据采集　　B. 数据存储　　C. 数据处理　　D. 数据传输

5.（　　）阶段是指组织机构在内部针对动态数据开展采集、清洗、转换、分析等一系列操作的阶段。

A. 数据采集　　B. 数据存储　　C. 数据处理　　D. 数据传输

6.（　　）阶段是指数据在组织机构内部通过网络从一个实体传送到另一个实体的阶段。

A. 数据采集　　B. 数据存储　　C. 数据处理　　D. 数据传输

7.（　　）阶段是指组织机构内部在与外部组织机构及个人交互的过程中提供数据的

阶段。

A. 数据采集　B. 数据交换　C. 数据处理　D. 数据传输

8.（　　）阶段是指通过对数据及数据的存储介质采取相应的操作手段，使数据彻底销毁且无法通过任何手段恢复的阶段。

A. 数据采集　B. 数据交换　C. 数据处理　D. 数据销毁

9. 大数据最明显的特点是（　　）。

A. 数据量大　B. 类型繁多　C. 价值密度低　D. 高速性

10. 数据的（　　）是大数据区分于传统数据的显著特征。

A. 数据量大　B. 类型繁多　C. 价值密度低　D. 高速性

11.（　　）是大数据分析最重要的应用领域。

A. 可视化分析　B. 语义引擎　C. 预测性分析能力　D. 数据质量管理

12.（　　）是机器学习的成果之一。

A. 可视化分析　B. 语义引擎　C. 预测性分析能力　D. 数据质量管理

二、多项选择题

1. 数据按性质分为（　　）。

A. 定位数据　B. 定性数据　C. 定量数据　D. 定时数据

2. 数据按表现形式分为（　　）。

A. 定位数据　B. 数字数据　C. 模拟数据　D. 定时数据

3. 数据按记录方式分为（　　）。

A. 表格　B. 影像　C. 磁带　D. 纸带

4. 数据按数字化方式分为（　　）。

A. 定位数据　B. 定性数据　C. 矢量数据　D. 格网数据

5. 美国《联邦数据战略与2020年行动计划》确立了40项数据管理的具体实践目标，包括（　　）三个层次。

A. 重视数据并促进共享　B. 保护数据资源

C. 有效使用数据资源　D. 推进数据的流动

6.《欧盟数据战略》提出了四大支柱性战略措施，指的是（　　）。

A. 构建跨部门治理框架　B. 加强数据投入

C. 提升数据素养　D. 构建数据空间

7. 大数据的特征包括（　　）。

A. 数据量大　B. 类型繁多　C. 价值密度低　D. 高速性

8. 语音识别技术主要包括（　　）。

A. 特征提取技术　B. 模式匹配准则　C. 模型训练技术　D. 数据提取技术

9. 我国发展大数据的首部战略性指导文件是（　　）。

A.《大数据产业发展规划（2016—2020年）》

B.《促进大数据发展行动纲要》

C.《中华人民共和国国民经济和社会发展第十三个五年规划纲要》

D. 党的二十大报告

10. 下列选项中，（　　）标志着我国国家大数据战略的正式提出。

A. “大数据”一词首次写入国务院政府工作报告中

B.《促进大数据发展行动纲要》的印发

C.《中华人民共和国国民经济和社会发展第十三个五年规划纲要》的公布

D. 党的二十大报告中关于数字经济的表述

三、判断题

1. 数据本身没有意义，数据只有在对实体行为产生影响时才成为信息。（　　）

2. 数据只能是连续的值，不可以是离散的。（　　）

3. 大数据是指无法在一定时间范围内用常规软件工具进行捕捉、管理和处理的数据集合，是需要新处理模式才能具有更强的决策力、洞察发现力和流程优化能力的海量、高增长率和多样化的信息资产。（　　）

4. 大数据更强调批量式分析而非实时分析。（　　）

5. 大数据对象既可能是实际的、有限的数据集合，也可能是虚拟的、无限的数据集合。（　　）

6. 苹果的 Siri 和百度的小度都采用了语义引擎。（　　）

应会考核

1. 阐述数据的类型。

2. 阐述大数据的特征。

3. 阐述大数据的应用。

项目二

大数据思维

知识目标

- 熟悉大数据思维的核心原理
- 熟悉大数据思维的三个维度
- 了解运用大数据思维的典型案例

能力目标

- 掌握大数据思维的三个维度
- 掌握大数据思维方式

素质目标

- 具备大数据思维

任务一
大数据思维的核心原理

一、数据核心原理

在大数据时代，数据分析模式发生了转变，从“流程”核心转变为“数据”核心。非结构化数据及分析需求已经改变互联网技术（Internet Technology，IT）系统的升级方式：从简单增量到架构变化。例如，IBM 使用以数据为中心的设计，目的是降低在超级计算机之间进行大量数据交换的必要性。大数据下，云计算找到了破茧重生的机会，在存储和计算上都体现了以数据为核心的理念。大数据和云计算的关系：云计算为大数据提供了有力的工具和途径，大数据为云计算提供了有价值的用武之地。大数据可有效利用已大量建设的云计算资源。

科学进步越来越多地由数据来推动，海量数据给数据分析既带来了机遇，也构成了新的挑战。大数据往往是利用众多技术和方法，综合源自多个渠道、不同时间的信息而获得的。为了应对大数据带来的挑战，我们需要新的统计思路和计算方法。

数据核心原理说明：用以数据为核心的思维方式思考问题、解决问题。以数据为核心，反映了当下 IT 产业的变革，数据成为人工智能的基础，也成为智能化的基础，数据比流程更重要，从数据库、记录数据库中都可以开发出深层次信息。云计算可以从数据库、记录数据库中搜索出你是谁，你需要什么，从而推荐给你需要的信息。这是大数据核心的典型体现。

二、数据价值原理

非互联网时期的产品，功能是它的价值；当今互联网时期的产品，数据是它的价值。大数据并不在于“大”，而在于“有用”，价值含量、挖掘成本比数量更为重要。不管大数据的核心价值是不是预测，基于大数据形成决策的模式都已经为不少企业带来了盈利和声誉。

数据能告诉我们客户的消费倾向，他们想要什么、喜欢什么，他们的需求有哪些区别，哪些又可以被集合到一起来进行分类。大数据是数据数量上的增加，以至于我们能够实现从量变到质变的过程。

数据价值原理说明：用数据价值思维方式来思考问题、解决问题。信息总量的变化导致了信息形态的变化，量变引发了质变，最先经历信息爆炸的学科，如天文学和基因学，创造出了“大数据”这个概念。如今，这个概念几乎应用到了所有人类致力于发展的领域中。从以功能为价值转变为以数据为价值，说明数据和大数据的价值在扩大，数据为“王”的时代出现了。数据被解释成信息，信息常识化是知识，所以说数据解释、数据分析能产生价值。

三、全样本原理

大数据研究的对象是所有样本，而非抽样数据，关注样本中的主流，而非个别，这要求我们具有全局思维。

数据分析需要全部数据样本而不是抽样，如果现在数据足够多，它就能让人们看得见、摸得着规律。数据量大时，人们认为有足够的能力把握未来，拥有对不确定状态的一种判断，从而做出自己的决定。这些我们听起来是司空见惯的，但是实际上背后的思维方式和我们今天所讲的大数据是非常像的。

在大数据时代，无论是商家还是信息的搜集者，可能都会比我们自己更知道我们想做什么。现在的数据还没有被真正挖掘，如果被真正挖掘的话，那么通过分析信用卡消费的记录，未来 5 年内的情况可以被成功预测。统计学里最基本的一个概念就是，运用全部样本才能找出规律。为什么能够找出行为规律呢？一个更深层的概念是，人和人在某些方面是一样的，如果是一个人，可能很有个性，但当人口样本数量足够大时，我们就会发现其实每个人在某些方面都是一样的。

全样本原理说明：用全数据样本思维方式来思考问题、解决问题。从抽样中得到的结论总是有误差的，而从全部样本中得到的结论误差就很小。大数据越大，真实性也就越大，因为大数据包含全部的信息。

四、关注效率原理

大数据标志着人类在寻求量化和认识世界的道路上前进了一大步，过去不可计量、存储、分析和共享的很多东西都被数据化了，拥有大量的数据和更多不那么精确的数据为我们理解世界打开了一扇新的大门。大数据能提高生产效率和销售效率，其原因是大数据能够让我们知道市场的需要和人的消费需要。大数据让企业的决策更科学，由关注精确度转变为关注效率的提高，大数据分析能提高企业的效率。

竞争是企业的动力，而效率是企业的生命，效率高低是衡量企业成败的关键。一般来说，投入与产出比是效率，追求高效率也就是追求高价值。手工、机器、自动机器、智能机器之间效率是不同的，智能机器效率更高，已能代替人的思维劳动。智能机器的核心是大数据驱动，而大数据驱动的速度更快。在快速变化的市场中，快速预测、快速决策、快速创新、快速定制、快速生产、快速上市成为企业行动的准则，也就是说，速度就是价值，效率就是价值，而这一切离不开大数据思维。

关注效率原理说明：用关注效率的思维方式来思考问题、解决问题。大数据思维有点像混沌思维，确定与不确定交织在一起，过去那种一元思维结果已被二元思维结果取代。过去寻求精确度，现在寻求高效率；过去寻求因果性，现在寻求相关性；过去寻找确定性，现在寻找概率性。只要大数据分析指出可能性，就会有相应的结果，从而提高决策效率。

五、关注相关性原理

社会需要放弃它对因果关系的渴求，转而关注相关关系，也就是说只需要知道是什么，而不需要知道为什么。这就推翻了自古以来的惯例，而我们做决定和理解现实的最基本方式也将受到挑战。

例如：大数据思维一个最突出的特点，就是从传统的因果思维转向相关思维。传统的因果思维就是一定要找到原因，推出结果。而大数据思维没有必要找到原因，只需要知道，如果出现这种迹象，这个数据统计的高概率显示它会有相应的结果，那么只要发现有这种迹象，就可以做出决策，知道该怎么做。这和传统的思维方式有很大的不同。传统的思维方式要求实证，要求找到准确的因果关系。

关注相关性原理说明：用关注相关性思维方式来思考问题、解决问题。过去寻找原因的信念正在被“更好”的相关性取代。转向相关性，不是不要因果关系，因果关系还是基础，科学的基石还是要的。只是在高速信息化的时代，为了得到即时信息，实时预测，在快速的大数据分析技术下，寻找到相关性信息，就可以预测用户的行为，为企业快速决策提供依据。

经典案例

大数据思维与广告：咖啡与信用卡广告更搭配

2003 年，谷歌（Google）推出了根据网页内容安插广告的 AdSense 服务，以与那些在网页中随机投放广告的产品竞争。根据我们的直觉，如果在一个和照相机有关的网站（或者网页）中放上照相机的广告，效果应该最好。这其实就是用到了相关性的特点。但是大部分时候，相关性并不是那么直接，不能一眼就看出来。根据大量数据的统计结果，我们发现一些广告和内容的搭配效果非常好，很多和我们的想象不大相同，例如：

在电影租赁和收看视频的网站上，放零食的广告；
在女装网站上，放男装的广告；
在咖啡评论和销售网站上，放信用卡和房贷的广告；
在工具（Hardware）评论网站上，放快餐的广告；
…………

这些搭配，如果没有大量的数据统计作为基础，一般人是想不到的。当然，如果仔细分析有些看似不太相关的搭配，还是能够找到合理的解释的，比如电影租赁和视频播放网站与零食广告的搭配，符合人在看视频时喜欢吃零食的习惯。

但是，有些搭配会让人完全摸不着头脑，比如把咖啡和信用卡或者房贷联系起来。不管是能够找到原因的，还是想不出原因的（可能背后存在着我们一时想不到的原因），只要使用了这些相关性，广告的效果就好。当然，在利用相关性时，我们希望是那种可信度比较高的，即数学上的强相关性，而不是随便把一些看似相关的东西硬放到一起。

六、预测原理

大数据的核心就是预测，大数据能够预测体现在很多方面。大数据不是要教机器像人一样思考，相反，它是把数学算法运用到海量的数据上来预测事情发生的可能性。正因为在大数据规律面前，每个人的行为都跟别人一样，没有本质变化，所以系统会比行为者本人更了解他的行为。

预测原理说明：用大数据预测思维方式来思考问题、解决问题。数据预测、数据记录预测、数据统计预测、数据模型预测、数据分析预测、数据模式预测、数据深层次信息预测，已转变为大数据预测、大数据记录预测、大数据统计预测、大数据模型预测、大数据分析预测、大数据模式预测、大数据深层次信息预测。

七、信息找人原理

互联网和大数据的发展，是一个从人找信息到信息找人的过程。当下，人与信息的连接方式正在经历重构。互联网出现之前，获取信息的途径少，用户需要自己去找信息，是人找信息的模式；互联网和大数据出现后，人找信息变为信息找人。当你打开网页查找信息时，搜索框下方会推送若干资讯供你阅读，这些推送的内容与你搜索的内容相近，这也就是我们所说的信息找人。

例如：从搜索引擎向推荐引擎转变。后搜索引擎时代已经正式到来。在后搜索引擎时代，使用搜索引擎的频率会大大降低，使用的时长也会大大缩短。为什么使用搜索引擎的频率在下降、时长在缩短呢？原因是推荐引擎的诞生。也就是说，从人找信息到信息找人转变越来越成为一个趋势，推荐引擎根据我们的搜索，知道我们想知道什么，并把我们想知道的内容推送给我们。

信息找人原理说明：用信息找人的思维方式来思考问题、解决问题。从人找信息到信息找人，是交互时代的一个转变，也是智能时代的一个要求。智能机器已不是冷冰冰的机器，而是具有一定智能的机器。“信息找人”这四个字，预示着大数据时代可以让信息找人，原因是企业懂用户、机器懂用户，用户需要什么信息，企业和机器提前知道，而且主动提供给用户其所需要的信息。

八、机器懂人原理

不是让人更懂机器，而是让机器更懂人，或者说是能够在使用者没有掌握操作知识的情况下，仍然可以使用机器，甚至不是让人懂环境，而是让环境来适应人。某种程度上，在自然环境中不能这样实现，但是在数字化环境中已经有这样一个趋势，就是我们所生活的世界越来越趋向于更适应于我们，更懂我们。

例如，解题机器人挑战大型预科学校高考模拟试题，结果是解题机器人的学历水平比肩普通高三学生。计算机不擅长对语言和知识进行综合解析，但通过借助大规模数据库对普通文章做出判断的方法，在对话填空和语句重排等题型上成绩有所提高。

机器懂人原理说明：用机器更懂人的思维方式来思考问题、解决问题。让机器懂人是人工智能的成功，也是人的大数据思维转变。一个机器、软件、服务是否更懂人，将是衡量该机器、软件、服务好坏的标准。人机关系已经发生很大变化，由人机分离，转变为人机沟通、人机互补、机器懂人。在互联网大数据时代，有问题，问机器，问搜索引擎，已成为生活的一部分。机器可搜索到相关数据，从而使机器懂人。

九、电子商务智能原理

大数据改变了电子商务模式，让电子商务更智能。例如：传统企业进入互联网，在掌握了大数据技术应用途径之后，就会有一种豁然开朗的感觉。大数据思维，事实上不是一个全称的判断，只是对我们所处的时代某一个维度的描述。

电子商务智能原理说明：用电子商务更智能的思维方式来思考问题、解决问题。人脑思维与机器思维有很大差别，但机器思维在速度上是取胜的，而且智能软件在很多领域已能代替人脑思维的操作工作。例如，美国一家媒体公司已用计算机智能软件写稿，所写稿件采用率已达70%。云计算机已能处理兆字节的大数据量，人们需要的所有信息都可得到显现，而且每个人的互联网行为都可被记录，这些记录的大数据经过云计算处理能产生深层次信息。经过大数据软件挖掘，企业可以获得所需要的商务信息，为决策和营销等提供大数据支持，从而实现更智能化的电子商务。

十、定制产品原理

大规模定制是指为大量客户定制产品和服务，成本低又兼具个性化。要真正做到提供个性化产品和服务，企业就必须对客户的需求有很好的了解，这背后就需要依靠大数据技术。大数据增强了企业的竞争力，定制产品是其中一项很好的技术。

定制产品原理说明：用定制产品思维方式来思考问题、解决问题。要让客户成为企业的忠实粉丝，就必须了解他们的需要，定制产品成为客户的心愿，也就成为企业发展的新方向。

大数据思维是客观存在的，是新的思维观。用大数据思维方式思考问题、解决问题是当下企业的潮流。大数据思维开启了一次重大的时代转型。

知识拓展

警惕大数据思维陷阱，做新时代思维的智者

数据是生产力。如今，随着互联网、云服务的发展，大数据成为各行各业发展的方向，无论是在新兴的人工智能领域，还是在传统的制造业，以及中间的电子商务等领域。通过大数据的分析与应用，市场越来越清晰，产品越来越准确，服务越来越人性化。大数据的应用为我们带来了相当大的便利。但是凡事都有两面性，我们在享受大数据优点的同时，也要警惕它的弊端，尤其是大数据思维带来的陷阱。网络发展既带来了言论的自由，也带来了个性的释放，但是同时带来了隐私的泄露。网络上大多数人传播、推崇的并不一定是对的，这种足不出户获得的海量信息里面还是蕴藏着巨大的不确定性。

任务二
大数据思维方式

传统的数据运营，更多的是数据化运营，也就是人们根据已有的数据，在分析后进行决策。而大数据思维，本质上是从数据化运营升级为运营数据，也就是有针对性地设置、收集并利用大数据，为商业创造新的价值点。

一、大数据思维的三个维度

随着大数据的深入人心，很多大数据技术专家、战略专家、未来学学者等都开始提出、解读并丰富大数据思维概念的内涵和外延。数据在任何时候都是非常重要的，而在移动互联网时代，数据则显得尤其重要。从数据中可以看出市场的走向，数据就是商机，数据就是成功与失败的关键。有了数据，人们才能够作出科学、合理的分析；没有数据，一切都是没有依据的空想。

大数据思维有三个维度：定量思维、相关思维、实验思维。

第一，定量思维，即提供更多描述性的信息，其原则是一切皆可测。不仅销售数据、价格这些客观标准可以形成大数据，而且顾客情绪（如对色彩、空间的感知等）都可以测得，大数据包含与消费行为有关的方方面面。

网上购物、社交媒体以及各种各样的卡等，都是大数据的来源。例如，汽车通过传感器，利用红外线、微波可以观测人的生理状态、脑电波等，如果驾驶员犯困，其心理指标发生变化并达到一个临界值，汽车后台就会告诫驾驶员休息。再如，汽车行业的大数据有人、车、环境三个来源。其中，“人”不仅包括车主或驾驶员，还应包括乘客；“环境”不仅包括路面信息，还包括行车所到之处的周边信息，如旅馆、加油站、旅游景点等，典型如地图应用；“车”的应用也已有案例，如一家保险公司为汽车加装了跟踪器，根据行驶数据来决定保险费率，又如某智能芯片厂商为长途货运汽车提供的芯片可以进行全球定位，调节物流和运输。

第二，相关思维，一切皆可连，消费者行为的不同数据之间都有内在联系。这可以用来预测消费者的行为偏好。

跨界有不同媒介、渠道间的跨界，如社交电商（如抖音短视频直接跳转商品购买）；

也有商业模式、数据应用的跨界，如某企业不仅销售硬件——智能手环追踪健康数据，还基于用户数据发展出付费会员健康指导平台，向保险公司提供群体健康数据分析服务。

第三，实验思维，一切皆可试，大数据所带来的信息可以帮助企业制定营销策略。

例如，要想知道推荐的效果，企业可以做一个实验。如果一半消费者有推荐，一半没有，那么从短期看，推荐效果并不明显，但长期效果非常明显，因为推荐是购物体验的一部分。短时间内，消费者对所推荐的产品可能没有需求，但到有需求时就会想起来，尤其是当推荐的产品符合他们的品位和风格时。

二、大数据思维方式的演变

大数据研究专家维克托·迈尔-舍恩伯格（Viktor Mayer-Schönberger）指出，大数据时代，人们对待数据的思维方式会发生如下三个变化：第一，人们处理的数据从样本数据变成全部数据；第二，由于是全样本数据，人们不得不接受数据的混杂性，而放弃对精确性的追求；第三，人们通过对大数据的处理，放弃对因果关系的渴求，转而关注相关关系。基于上述观点，大数据思维包括总体思维、容错思维和相关思维。

（一）从样本思维转向总体思维

抽样又称取样，是从欲研究的全部样品中抽取一部分样品单位。其基本要求是保证所抽取的样品单位对全部样品具有充分的代表性。抽样的目的是从被抽取样品单位的分析、研究结果来估计和推断全部样品特性，是科学实验、质量检验、社会调查等普遍采用的一种经济有效的工作和研究方法。

抽样在一定历史时期内曾经极大地推动了社会的发展，在数据采集难度大、分析和处理困难的时候，抽样不愧为一种非常好的权宜之计。抽样的好处显而易见，坏处也显而易见。抽样保证了在客观条件达不到的情况下，可能得出一个相对正确的结论，让研究有的放矢。但抽样也带来了新的问题。首先，抽样是不稳定的，从而导致结论与实际情况可能差异非常明显。其次，在很多情况下，不能进行抽样。例如，为了获得准确的人口数量，我国不会采用抽样方法，而是采用人口普查方法。

大数据与小数据的根本区别在于大数据采用全样思维方式，小数据强调抽样。抽样是数据采集、数据存储、数据分析、数据呈现技术达不到实际要求，或者成本远超过预期的情况下的权宜之计。在大数据时代，人们可以获得与分析更多的数据，甚至是与之相关的所有数据，而不再依赖于抽样，从而可以获得更全面的认识，可以更清楚地发现样本无法揭示的细节信息。也就是说，在大数据时代，随着数据收集、存储、分析技术的突破性发展，我们可以更加方便、快捷、动态地获得与研究对象有关的所有数据，而不再因诸多限制而不得不采用样本研究方法。相应地，思维方式也应该从样本思维转向总体思维，从而能够更加全面、立体、系统地认识总体状况。

总体思维在预判战争形势方面体现得淋漓尽致。以前，人类研究战争的规律特点，预判战场形势，采样一直是主要的数据获取手段，这是在无法获得总体数据信息条件下的无奈选择。在大数据时代，人们可以获得并分析更多的数据，而不再依赖于采样，从而可以更全面地认识战争，可以更清楚地发现样本无法揭示的细节信息，清晰地观察到战场上的各个环节。在信息化战场上，通过情报、侦察和监视系统以及有人、无人战机，一支军队几乎能够“看见、听见和感觉”到战场上发生的所有状况，然后通过超级计算机的速度和精度以及人的敏捷性来理解和解释现实世界，协助指挥官和分析人员用极短的时间来理解传感器收集的海量数据。也就是说，在大数据时代，随着数据收集、存储、分析技术的突破性发展，人们不再因诸多限制而不得不采用样本研究方法。相应地，思维方式也应该从样本思维转向总体思维，从而能够更加全面、立体、系统地认识战争。

（二）从精确思维转向容错思维

在小数据时代，因为收集的样本信息量比较少，所以必须确保记录下来的数据尽量结构化、精确化，否则，分析得出的结论很可能“南辕北辙”，因此，人们通常十分注重精确思维。然而，在大数据时代，得益于大数据技术的突破，大量的非结构化、异构化的数据能够得到存储和分析，这一方面提升了人们从数据中获取知识和洞见的能力，另一方面也对传统的精确思维提出了挑战。舍恩伯格指出：“执迷于精确性是信息缺乏时代和模拟时代的产物。只有5%的数据是结构化且能适用于传统数据库的。如果不接受混乱，剩下95%的非结构化数据都无法被利用，只有接受不精确性，我们才能打开一扇从未涉足的世界的窗户。”也就是说，在大数据时代，思维方式要从精确思维转向容错思维，当拥有海量的即时数据时，绝对的精准不再是追求的主要目标，适当忽略微观层面上的精确度，容许一定程度的错误与混杂，反而可以使人们在宏观层面上拥有更好的知识和洞察力。

（三）从因果思维转向相关思维

在小数据世界中，人们往往执着于现象背后的因果关系，试图通过有限样本数据来剖析出其中的内在机理。小数据的另一个缺陷就是有限的样本数据无法反映出事物之间的普遍性的相关关系。而在大数据时代，人们可以通过大数据技术挖掘出事物之间隐蔽的相关关系，获得更多的认知与洞见，运用这些认知与洞见就可以帮助人们捕捉现在和预测未来的形势，而建立在相关关系分析基础上的预测正是大数据的核心议题。通过关注线性的相关关系，以及复杂的非线性相关关系，人们能够看到很多以前不曾注意到的联系，相关关系甚至可以超越因果关系。也就是说，在大数据时代，思维方式要从因果思维转向相关思维，努力颠覆千百年来人类形成的传统思维模式和固有偏见，从而更好地分享大数据带来的深刻洞见。

三、大数据思维的特征

人类对新事物的认识总是存在两个阶段：生动直观的阶段和抽象思维的阶段。面对大数据时代的数据洪流，人们已经意识到了大数据思维的出现。但是认识大数据思维不能停留在感性认识阶段，在充分地了解、掌握大量的客观材料后，人们需要在科学的视角下，辨析大数据思维的特征，做到去粗取精、去伪存真。

一般来看，大数据思维具备三大特征：整体性与涌现性、多样性与非线性、相关性与不确定性。

（一）整体性与涌现性

在大数据思维的背景下，涌现性成为描述全体数据最合适的词汇。整体性与涌现性成为大数据思维的首要特征。

1. 整体性

整体性是相对于系统的部分或者元素来讲的，大数据思维要求人们将所获得的大数据作为一个系统，那么这个系统的首要特征就是整体性。大数据思维的整体性是指在数据挖掘的过程中，我们需要重视对全体数据的分析，在把握问题的方法上，注重从整体上把握对象。在大数据时代，整体性思维是面对问题、解决问题时的首选。数据量增长迅速的情况下，与以随机样本为核心的小数据思维形成鲜明对比的是以全体数据为核心的大数据思维显现出的巨大能量，即整体性。大数据思维主张进行全体数据的获取和分析，也就是通过整体思维的方式来把握研究对象。

大数据思维的整体性主张全量分析，但现实中需要理性看待其应用边界。例如，我国人口普查（全量覆盖）虽然能系统地把握国情，却需要耗费巨资（如 2010 年北京投入约 5.8 亿元）；而 1%抽样调查（小普查）虽然存在抽样误差，却因成本可控、执行高效成为普查期间不可替代的方法。当前技术下，大数据更多地通过辅助流程优化（如电子填报、数据校验）提升效率，而非实现全量替代。唯有突破数据孤岛、隐私保护与覆盖盲区三重障碍，整体性思维方能在人口普查领域全面落地。

抽样是为了用小数据样本去窥见全体样本的面貌，但是当我们可以获取庞大的数据而不必付出多少成本时，抽样调查就将变得没有意义。如果建立全国联网的人口数据库，并通过智慧城市等移动终端开通人口普查数据更新入口，那么人们就可以在任何时间和地点完成人口普查数据更新，政府相关部门获取人口信息变化将更方便。整体性地开展人口信息研究，将比 1%人口抽样调查的方式展现出更多的细节。

2. 涌现性

大数据思维在表现出整体性特征的同时，也表现出涌现性特征。涌现性本质上是复杂系统的核心属性，指系统各组成部分单独存在时不具备，但通过交互整合为整体后新生的特征、功能或规律，即“整体大于部分之和”。在大数据背景下，这种因规模聚合而催生的新质能力，成为大数据思维的重要维度。

全体数据整体具有的，而局部数据或所有数据片段单独存在时均无法呈现的属性、特征和功能，即为大数据思维的涌现性。当我们将大数据拆解为孤立单元时，这种由全局关联衍生的高阶价值便随之消失。

山东省德州市智慧农业项目是诠释农业大数据涌现性的典型案例。德州财金投资控股集团有限公司在其智能温室中部署约 685 个环境传感器、1 700 多个控制器，连续 5 年采集番茄生长数据 64 万余条。单独看任一传感器读数（如温度、湿度），其仅能反映种植环境的碎片化状态，使用某个时段的数据切片也无法预测作物产量。但当这些数据通过全域整合加深度学习形成玻璃温室番茄生产数据集后，涌现出三项革命性能力，即精准调控能力、风险预判能力、资产转化能力。离散传感器数据仅具有监测价值，而全域数据聚合后涌现出生产优化、风险防控、资产创造等质变功能，这正是大数据思维涌现性验证的典型体现。

整体性与涌现性特征是大数据思维在宏观层面的首要特征，它描述了大数据思维在看待大数据出现的问题上所采取的立场和观点，对海量大数据出现的形式和特点做出了一般性的规定。

（二）多样性与非线性

大数据思维还表现出多样性与非线性。大数据来源于物理世界中业已存在的数据和人类社会中后天产生的数据。按数据种类划分，大数据可分为结构化数据、半结构化数据和非结构化数据。数据种类、数据来源的不同，表现到大数据思维里，就是多样性。在大数据时代，通过多样性数据考察世界的方式昭示了其非线性特点。与古希腊以来追求因果的古代哲学、追求线性解决方案的近代科学相比，大数据思维更重视现实世界的非线性特点。大数据思维是一种更清晰地理解世界、认识世界的进步思维方式。从本体论看，大数据时代的世界本质上是非线性的；从方法论看，非线性问题一般都不可以转化为线性问题来处理，只有在简单情况下才将其转化为线性问题，处理非线性问题要用非线性的方法。由此可见，多样性与非线性是大数据思维表现出的重要特征。

1. 多样性

大数据思维的多样性特征是通过数据种类的不同来体现的。关系型数据库中存储的基本是结构化数据，如整齐的文字、数据或者同一种类的文件。而非关系型数据库中存储的多源异构数据（就是前文提到的非结构化数据），例如不整齐（杂乱）的图标、表格、网页、视频或者其他类型的异构数据，成为大数据思维多样性的主要来源。多样性并不仅仅存在于大数据领域，我们人类生活的方方面面均存在多样性，可以说，社会、自然甚至宇宙万物都依赖多样性而存在。阿尔文·托夫勒（Alvin Toffler）在 20 世纪 80 年代所写的《第三次浪潮》中，就已经提到因电子计算机发展迅速，信息革命开始，传统的传播工具群体化特征将不再明显，传播对象将变得多样。人类社会中，人是社会关系的总和，社会关系是多样的，不同地区的文化是多样的。自然领域中，生物多样性的存在让生物圈多姿多彩。事物的发展变化总离不开多样性，如此看来，大数据思维中存在的多样性特征不可避免。我们在注意到大数据思维中存在多样性的同时，应尽可能全方位地把握多样性的存在，弄清楚多样性在大数据思维中的具体表现，为我们利用大数据思维奠定基础。小数据时代向大数据时代的多样性转变是显而易见的。

为了更好地掌握大数据思维，除了认识大数据思维的多样性特征外，还有必要对大数据思维的非线性特征加以了解。

2. 非线性

进入大数据时代以后，人类认识世界的方式发生了改变。大数据思维非线性特征将帮助人类在认识世界、考察世界的过程中建立非线性观点。非线性是相对于线性来说的，是指方程的解满足叠加定理的现象或者系统所具有的特征。非线性是对线性的否定。在数学中，线性是一种具有比例关系的性质，函数表现是成比例的、成直线的。而非线性是一种没有比例关系的性质，函数表现是不成比例的、不成直线的。我们在科学研究中采取的线性思维，可以看作非线性现实的简化。由于世界本身是非线性的，因此采取线性思维就是一种近似思维，这样一来，我们看到的世界将是不真实的，也脱离了世界的本来面貌。然而，大数据思维的出现带来了整体思维，这样的思维方式向来就对真实世界既亲近又抱有好感，人们可以利用采集海量大数据的方法得到现实世界第一手的数据，通过这些数据来了解我们的世界，将更加接近真实、接近现实。从这样的意义上说，大数据思维在本质上表现出了非线性特征。

大数据思维在多样性和非线性特征上表现出的偶然性，与现实世界多样性、非线性的本质表现出的必然性，将在人类追寻真实世界图景的过程中实现偶然性与必然性的统一，同时也显现了大数据思维在认识论上更清晰地认识、把握世界的追求。大数据思维本身所具有的多样性、非线性特征，辅以强大的大数据技术，无疑将会影响人类对自然的认识，建立大数据思维条件下的新认识图景。

（三）相关性与不确定性

相关性与不确定性是大数据思维的重要特征。相关性特征是指在大数据的数据挖掘过程中可以根据数据间的相互关系做出判断的性质，不确定性特征是指在大数据的数据挖掘过程中所获取的数据本身是不具有确定规律的性质。大数据思维的相关性和不确定性特征是以它的前两个特征为基础的，如前文所述，整体性与涌现性为大数据思维提供了认识数据整体的新方法，多样性与非线性为大数据思维提供了把握丰富数据的新路径。应用大数据的核心是预测，在数据总体量相同时，与单独分析体量较小的小型数据集相比，将众多小数据集归结为大数据后进行处理可得出令人惊讶的结果，处理结果有助于销售商品、改善城市交通状况甚至可以预防犯罪。对广泛应用的憧憬正是大数据思维引起人们关注的原因。

1. 相关性

相关性表示事物之间具有的某种联系，它也是大数据思维的一个重要特征。

从大数据中寻求事物的相关性，通过这种相关思维对可能发生的事进行预测，是大数据思维的主要目标。在数理统计中，虽然逻辑关系（因果关系）不可以被相关关系表征，但统计结果却可以帮助人们从大量数据中获得直观表述。例如，根据统计结果，“常饮酒的人患胃癌概率较高”，直观表述了胃癌发病率高的事实，但不能因此得出“饮酒即致癌”的逻辑推理。“胃癌”和“饮酒”相关性的表达，恰恰是大数据思维相关性特征的体现，结果并没有完整的因果性探究，而是依靠大量的、基础的统计结果，依靠数据做出了“胃癌”和“饮酒”之间存在相关性的判断。

2. 不确定性

在大数据时代，基于结构化、半结构化和非结构化的多源异构数据的新分类，以及关系型数据库、非关系型数据库的数据处理的新局面，大数据思维在数据类型和数据挖掘等领域表现出明显的不确定性。不确定性在数据采集、数据清洗、数据处理等数据挖掘的全过程中均有体现。大数据思维的不确定性主要体现在数据挖掘过程中的并行与实时上。由于大数据所处的位置大部分在互联网中，而互联网本身就是分布式的、多样性的、不规则的，这样就加剧了人们获取数据的不确定性。在大数据思维出现以前，关系型数据库管理系统（Relational Database Management System，RDBMS）已经发展得相对成熟，它主要是对结构化数据来说的，已经拥有完整的产业链。

研究大数据将成为一种趋势。数据就像地下的矿藏一样，发掘数据或许会成为新的职业，数据学将会成为新的自然学科。数据科学家、数据技术、数据源或将构成完整的大数据生态系统，大数据思维将在科学研究、社会生活和思维方式等方面带来重大的改变。

任务三
运用大数据思维的案例分析

一、精准营销下的大数据思维

大数据背后是思维方式的改变。创新并不只是变革性的，有些从细碎的管理细节做些改变也能创新。接下来，我们以国内某出版社为例子，贯彻大数据思维，详细地讲解细节。该出版社一直重视数据的收集、分析、挖掘，为将数据资源应用在业务管理和图书营销方面，前几年就已经在持续地关注与营销方面有关的数据。一开始，该出版社只是由内部业务部门统计数据，现在已经发展到从社、店、第三方来采集和分析数据。数据分为两类：内部数据和外部数据。内部数据有退货汇总、账期汇总、库存表、重点产品分析，外部数据有市场占有率、重点板块竞争分析、市场排名变化、同类产品销售量排行、竞品分析、线上线下大客户销售排行榜。

近几年，该出版社在大数据运营上的创新既是一个过程也是一个结果，是一个不断进步的过程。第一，该出版社通过系统、人员、方法的优化，在企业资源计划（ERP）系统升级的基础上，增加常规需求的数据报表，数据统计者不断学习进步，提高了数据统计的分析效率，创建了适合自己的数据模型。第二，该出版社拓展数据使用层面，从原来的只有发行，到现在的编、印、发各环节都影响决策层，不断拓宽数据使用范围。

从内容编辑到发行，大数据贯穿整个流程。营销贯穿于出版的全流程中，而大数据对营销具有非常重要的作用。可以说，大数据在出版行业的编辑（论证选题、组织稿件、加工整理、版式设计、装帧设计）、印务（印制效果、装订形式）、发行（仓储备货、宣传推广、最终销售）等各个环节中都发挥作用。首先，选题之初要进行市场调研，以同类产品的数据为依托，对其书名、定价、上市时间、销量进行统计，结合该选题特点与竞品进行比较，对该选题作者以往的产品情况进行分析，综合考量后确定是否立项。其次，根据市场情况和营销需求确定版式和装帧形式，确定定价策略、明确印制数量、把握最佳出版时机、进行渠道选择、计划如何上市操作以及明确预期销售目标。图书的印制则要考虑呈现效果、计算成本情况，而图书上市后大数据又可以帮助该出版社复盘营销策略和营销效果，调整营销节点、营销步骤、推广时机，从而有利于该出版社更有效地进行图书推广，逐步实现销售既定目标。此外，根据图书上市后的大数据表现，该出版社对项目可以准确制订加印计划，明确加印周期和加印数量，这对合理安排生产印制、及时保障市场需求、有效控制库存、加快库存周转率都会起到积极的作用。

从上到下、从内到外，该出版社多维度获取并整合大数据。该出版社虽然一直注重数据整理、统计、分析的工作，但使用之初较为简单，从时间、内容、使用上相对随意，没有形成一种制度，当时与第三方数据公司的合作内容较粗犷，存在利用不充分的情况。随着行业内优化结构，追求品质、打造精品逐渐成为业界的共识，该出版社也由数量规模型向质量效益型转型。加上不断丰富的外部数据源，该出版社的自身数据采集整合能力不断提高，已经具备与外部的数据源形成合力的能力，以充分发挥数据作用，快速提升营销精准度。自 2014 年开始，该出版社逐步实现由专人负责数据，按实际业务工作需求制定周报、双周报、月报等统计报表以及特定系列、重点产品等的临时数据表，各项数据的汇报、分享基本形成了一种机制，主要在三个维度上下功夫，对上抵达管理层、对下抵达业务层、对外与渠道分享并进行业务交流。

大数据的获取途径基本分成内部和外部两种。内部报表主要是根据该出版社 ERP 系统中的出、入库的基础业务数据对图书的发货时效、补货数量、补货频率、适销程度、渠道特点予以反馈，以此对库存销售周期进行分析和预判。外部数据中，大客户销售排行榜是该出版社参考的重点数据指标，它可以真实地反映产品的动销情况，验证出版社对产品上市预判的正确性，根据实际销售数量确定是否加印以及加印数量。另外，该出版社可以通过比较内部数据和外部数据的差异，分析产生差异的原因，找到存在的问题。在外部数据的获取上，该出版社与第三方专业数据公司保持了长期稳定的合作关系，对该出版社图书的整体市场排名、市场占有率以及该出版社重点出版板块的市场情况予以关注，监控全社图书在各省、自治区、直辖市的发货率、铺货率、上架率、动销率、库存周转率、退货率等，再结合该出版社自行获取的大客户销售数据以及内部业务数据进行分析，对存在的问题从产品、渠道、人员、政策上下手，寻找空间、挖掘潜力、找出方案、弥补不足，实现销售突破。

根据图书定制营销决策，大数据为优化决策提供支撑。大数据对实现决策优化、精准营销有显著作用，通过提升营销转化率来体现营销价值。但图书不同、内容不同，大数据作用的方式也不同，有些是直接的，有些是间接的。总体来说，这主要体现为以下三种模式。

第一，以既有销量为基础，撬动线上千万级读者的关注，打造爆品，实现共赢。该出版社有一位作者是一位知名的公众号作者，其 2017 年出版的第一本新书上市后，整体表现较好，半年印制 4 万多册，线上渠道尤为突出。同年 8 月，该作者的第二本新书上市。在上市前，该出版社进行了多次部门内、编发部门间以及与作者、与渠道的沟通，对其第一本图书的销售数据和有效的营销推广活动进行了复盘，针对该出版社曾在该作者的微信公众号上做过一次图书团购活动实现 5 500 套销量的案例进行重点讨论，决定此次新书上市后将该作者本人微信公众号的团购活动直接导流至当当网，利用作者 5 000 册的购买量撬动当当网几千万读者的关注。同时，当当网也给予了高度重视和大力支持，上市 3 个月印制了 12.5 万册。后来，该作者又出版了第三本书，该书与其他两本图书一起，配合公众号和社群导流，实现精准营销。该书多次占据当当网新书总榜、亲子家教分类榜第一名的位置，进一步提高了该出版社该类产品的竞争力，加强了该出版社与渠道的密切合作，巩固了该出版社在亲子家教类图书领域的领先地位，成功打造了社、店、作者共同成长和三方共赢的案例。

第二，通过分析销售数据的渠道构成和折扣体系，规范渠道管理，扩展重点产品的盈利空间。该出版社规模较小，具有小而专的特色，在亲子家教、孕产养育、女性读物等方面屡获各种图书奖项。亲子家教类图书在该出版社占据较大份额，但其中某一重点系列 6 种图书在某年总发行量一改前 3 年年均 30%的增长速度，发行总码洋基本与前年持平，这种不正常的现象引起了该出版社的关注。该出版社通过对该系列图书的销售数据进行分析，发现线上销售占据主导且线上低价销售作为引流的方式越来越多，造成了销售页面价格越来越低，甚至还有很多不法商家用盗版图书来扰乱市场，严重影响了市场秩序和客户销售该产品的积极性。进一步对数据进行分析后，该出版社决定规范销售渠道，对在售该重点系列图书进行控价管理，并提高该重点系列图书的发货折扣，严厉打击线上盗版。经过近 1 年的努力，该系列 6 种图书当年销售额（码洋）增长 300 多万元。通过调整发货折扣，该系列图书为该出版社增加毛利约 140 万元。该出版社通过控价和规范渠道，有效地打击了盗版销售。

第三，让加印图书走出困境。在品种多、信息少、系统弱的情况下，该出版社在加印图书上也经历过编辑、发行两个环节经常会出现争议的情况：库存量很低了，编辑想加印，而市场需求不明确，发行不想印，加印与不加印成了两难。如果不加印造成缺货断档，对营销而言会有很大的负面影响，会直接影响终端销售，打乱原有的销售节奏，无法进行正常推广，给竞品上架的机会，若是畅销品，还会给盗版提供机会。如果加印，又担心造成库存积压，库存考核的压力大，库存周转率的要求高，以往的销售盈利又被库存抵消。印制部也会对加印有几种考量：小批量、多印次会增加工作量，批量加印对降低成本能够起到一定的作用，备货周期多久合适。那到底该不该印？该印多少呢？目前，加印在该出版社已成为不纠结、流程化的一项工作，根据周库存数据、大客户销售数据，结合销售季节因素、市场活动计划，安排加印工作，保障合理的供货周期。这样既避免了以经验来决定加印数量，又不绝对依赖数据，让印数更符合市场需求，更有效地保持合理的库存量，这对该出版社以绝对优势保持高于行业平均库存周转率起到了决定性的作用。

出版行业体量不大，但由于各出版单位、新华书店以及其他销售渠道在理念、视角、需求、管理模式上存在不同，再加上使用的管理系统差别较大，因此在数据的完整性、全面性、时效性以及匹配度上都有较大的差异。这给数据的获取、加工、整理、统计、分析工作都带来了不便，也造成了时间、人力、财力的大量消耗。数据是做商业判断的重要支撑，但不能盲目地迷信数据，要有更高的视角、更强的前瞻性以及更综合的判断能力。

二、百货超市的“读心术”

大数据思维带来了一个革新：知道“是什么”就够了，没必要知道“为什么”。

塔吉特百货是美国知名超市。一天，一名男子闯入塔吉特百货，大吼：“你们为什么给我的女儿发婴儿纸尿裤的优惠券，她才 18 岁啊！”这家全美知名的零售商，竟闹出如此大的乌龙？商场经理立刻向该男子道歉，并解释道：“那肯定是个误会。”然而，这位经理并不知道，这一切都是公司数据预测系统进行了一系列数据分析的结果。一个月后，经理接到了该男子的道歉电话：塔吉特百货的优惠券并没有发错，他的女儿的确怀孕了。

为什么孕妇身边的人都没有发觉时，塔吉特百货就已经知道谁怀孕了呢？难道塔吉特百货有神奇的“读心术”？

其实，这就是大数据的功力。

原来，孕妇对零售商来说是一个含金量很高的客户群体，商家都希望尽早发现怀孕的女性，并掌控她们的消费。

塔吉特百货通过对孕妇的消费习惯进行无数次的测试和数据分析后得出以下结论：

孕妇在怀孕头 3 个月后会购买大量无味的润肤乳。有时在头 20 周内，孕妇会补充钙、铁、锌等营养素。当有人除了购买洗手液和毛巾外，还会突然大量采购无味肥皂和特大包装的棉球时，说明她们的预产期要到了。

在塔吉特百货的数据资料里，分析师根据顾客的内在需求数据，精确地选出其中 25 种商品，并对这 25 种商品进行同步分析，基本上就可以判断哪些顾客是孕妇，甚至还可以进一步估算她们的预产期，在最恰当的时候寄去最符合她们需求的优惠券，以满足她们最实际的需求。

这就是塔吉特百货能清楚地知道顾客预产期的原因。

塔吉特百货根据自己的数据分析结果，制定了全新的营销方案，使孕期用品销售呈现爆炸式增长。塔吉特百货将这项分析技术向其他各种细分用户群进行推广，取得了较好的效果。

（一）塔吉特百货是如何收集数据的

塔吉特百货尽可能地给每位顾客一个编号（即会员卡）。当顾客刷卡、使用优惠券、填写问卷、打开广告邮件等时，塔吉特百货都会将这些信息记录进顾客的编号。这个编号还会对号入座地记下顾客的人口统计信息：年龄、婚姻状况、子女、住址、薪水等。

塔吉特百货还可以从其他相关机构那里购买顾客的其他信息，如就业史、喜欢读的杂志、破产记录、购房记录、求学记录等。这些看似凌乱的数据信息，在塔吉特百货的数据分析师手里，都能转化为巨大的能量。

（二）塔吉特百货是如何分析数据的

塔吉特百货并不知道孕妇开始怀孕的时间，但是，它利用相关模型找到了她们的购物规律，并以此判断某位女士可能怀孕了。

这个案例揭示了，企业已经进入数据应用的新阶段。企业不仅利用商品的相关性开展促销，而且利用事物的相关性预测消费者的消费活动。这种预测是利用事物的相关性来发现事情的变化规律的。

大数据时代给我们带来的是一种全新的思维方式，当思维方式的改变在下一代成为社会生产的中流砥柱的时候，就会带来产业的颠覆性变革。

三、农田里的大数据思维

农业物联网自动化系统可对大棚内环境进行实时感知。

农田里设置气候观测站，用手机一扫就可以获得田地的施肥方案、灌溉方案，农业物联网自动化系统可以精确测算市场的需求，农业生产者根据需求决定种什么、养什么。“大数据思维”的背后，是农业生产从“靠经验”走向“靠数据”、从粗放走向精准的变革。

（一）用大数据“测天测地测市场”

某个春耕前夕，一位记者在江西省宜春市下辖的丰城市采访时，发现了一个农民“卖天气”的故事。

卖“天气”的农民叫雷应国，是丰城市秀市镇雷坊村的一位“80后”种粮大户。面对记者“天气怎么卖”的疑惑，雷应国自豪地用手机扫了扫“雷应国生态富硒米”包装上的二维码，随后大米产地的气候状况、环境条件、气候品质等信息一目了然：“累积温度3 363℃、总雨量650毫米、平均每天日照时数7.3小时……”

原来，为了更好地服务农业生产，气象部门在他的农田里专门建了一座农田小气候观测站，以监测周边环境。在包装的二维码旁，还有气象部门颁发的“气候品质认证”标志，靠着这一标志，雷应国种植的生态富硒大米的“身价”从原来的8元/斤涨到18.8元/斤，且供不应求。

雷应国卖的“天气”，实则是对生产气候环境的精准把控。记者在农村采访发现，眼下，农业生产中越来越多地用到数据，并由此兴起一种新的大数据思维。

在江西省奉新县宋埠镇宋埠村，建华农业专业合作社理事长宋单春拿着手机，对着一块农田扫描定位。不一会儿，手机屏幕上就弹出了田块的编号、营养成分和施肥建议：土壤酸性较强，可增施生石灰。“这是我们新使用的测土配方施肥系统，它会对每块田进行数据分析，然后提醒我们怎么施肥，缺氮就让我们施氮肥，缺钾就施钾肥。”宋单春说。

大数据不仅“测天测地”，还“测市场”。在丰城市梅林镇江桥村，某公司投资上亿元打造智慧富硒产业示范园，种植绿色、无公害的富硒蔬菜。公司副总经理强调，他们有一个庞大的调研团队和大数据中心，可以及时掌握全国乃至全球农产品的需求和价格信息。“我们会定期对这些信息进行分析并调整我们的生产，什么赚钱就种什么。”

（二）从“靠经验”到“靠数据”

在业内人士看来，农业大数据思维的背后，是农业生产从“靠经验”走向“靠数据”、从粗放走向精准的变革。

一是实现对农业生产环境的精准把控。

在江西省于都县梓山镇万亩富硒绿色蔬菜产业园内，一排排现代化高标准温室蔬菜大棚鳞次栉比，隔壁的控制室内，一块大屏上实时显示着大棚内的环境数据：“空气温度：9.1℃；土壤温度：17.6℃……”这种温室大棚利用互联网和物联网可自动调节温度、湿度、光照、二氧化碳浓度等，进而给蔬菜创造一个最适宜生长的环境。

二是实现农业生产的精准投放。

在江西省高安市某智慧农业展示中心，一块巨大的显示屏上，农作物长势、每日农事安排、人工和生产资料投入及未来产量和收益等数据尽收眼底，改变了过去农业浇水、施肥、打药主要凭经验和感觉的现象，如今通过大数据正向生产管理定量化和精确化转变。

三是确保农业产出的精准可控。

在江西省资溪县某茶山上，每隔一段距离就有一个摄像头和传感器。以往，种茶人种出好茶，只能靠经验和运气。如今，通过“互联网＋”技术，这里已经实现了大气温度、土壤湿度等数据的实时采集，茶树的生长、管理有了科学的依据。

（三）“投入”大数据，降风险增效益

对于现代农业来说，大数据已经和无人机、温室大棚、生态农药等一样，成为一种新的“投入品”。它的使用，给农业生产带来了许多有利变化。

首先，通过对环境的精准把控，降低了农业生产的风险。

温度低了，自控系统将自动给其加温；温度高了，降温系统就会自动开启；水分含量低了，大棚内的滴灌系统会自动打开；不需要阳光时，就把遮阳系统打开……通过大数据技术，农业生产人员可对环境进行分析，并根据需要对温度、湿度、光照等进行调节，从而让农作物在稳定的环境下生长。

不仅是自然风险，农业生产的市场风险也被大大降低。过去农民种田存在很大的盲目性，以至于经常发生滞销、脱销现象，而大数据技术极大地缓解了这一问题，降低了农业生产的市场风险。

其次，通过精准投入和提升智能化水平，降低了农业生产的成本。

物联网的运用不仅可以通过环境监测为农业生产提供科学、有效的参考，还可以通过智能化操控降低农业生产成本。例如，基地里设置水肥一体化设备，该设备由一台计算机控制，随时可以根据农作物的需求浇水、施肥。这样不仅管理起来方便，还能节约成本。采用水肥一体化设备后，基地再也不用雇人浇水施肥了，同时，产量也更加稳定了，每亩地能多挣几百元钱。

最后，通过大数据技术，可以对农产品质量进行有效把控，并减少农业面源污染，促

进农业可持续发展。

过去农民凭经验施肥打药，不仅浪费了大量农药化肥，而且带来了农药残留超标、农业面源污染等问题，对农业可持续发展带来严峻挑战。如今，大数据技术可以有效地解决这一问题，提升了农产品的质量，并减轻了农业面源污染。

四、生活中的大数据思维

（1）餐厅订餐数据分析：某餐厅用大数据分析了客户的订餐数据，发现很多客户都喜欢在周末订餐，而在工作日则很少。基于这个规律，餐厅可以在周末增加菜品种类和供应量，以满足客户需求，同时减少工作日的供应量，以免浪费。

（2）银行贷款审批数据分析：某银行通过大数据分析客户的贷款历史和信用评分，发现信用评分越高的客户违约率越低。据此，银行可以把更多的贷款额度和更优惠的贷款利率提供给信用评分高的客户，从而降低贷款违约率，提高银行的盈利。

（3）电商平台销售数据分析：某电商平台通过大数据分析客户的购买历史和浏览记录，发现很多客户在购物车中添加了商品却没有购买。基于这个规律，电商平台可以向这些客户发送优惠券和推荐商品，以促进他们的购买行为，提高销售量。

五、大数据思维方式的启示

（一）建立以大数据整体性为支撑的总体思维

在小数据时代，由于技术条件的限制，人们只能通过将复杂的整体分解为简单的部分的方法来分析研究事物，并试图用这些部分来描述整体。而在大数据时代，人们可以利用大数据技术，收集、处理和运用海量数据，实现思维和认知从被迫关注局部向主动关注全局转变，从更广的范围、更高的层次、更深的程度认识事物，形成基于大数据网络环境的总体思维。

（二）建立以大数据多样性为支撑的容错思维

容错思维，不是容许错误存在，而是接受不精确的存在，并不断调整纠偏。在大数据时代，由于技术的进步，人们基本上可以做到实时地采集、传输、处理数据，可以实时、准确地把握事物的动态发展变化情况，随时调整决策，纠正错误。

（三）建立以大数据相关性为支撑的相关思维

在大数据时代，事物各组成要素之间的关系已经不完全是简单的线性因果关系，而更多的是一种非线性的相关关系。通过分析研究数据变化所反映的事物之间的内在联系以及相关关系，我们可以避免思维方式陷入冗长的因果关系链，较为快捷地发现事物不同要素之间的相互关系和相互影响及相互作用方式，为快捷、准确地找到解决复杂问题的方案提供有效的路径。

（四）建立以大数据开放性为支撑的智能思维

封闭会导致混沌，而开放则会带来生机和活力。大数据的一个鲜明特征就是其开放性。从数据来源来看，大数据时代的数据建设对所有的有效数据保持开放；从数据的使用来看，大数据时代的数据向所有的合法用户保持开放，任何用户都没有数据特权。这种开放性为人们建立智能思维奠定了基础，为人们探索并掌握现实和未来事物发展的特点和规律，进行智慧思考、超前谋划提供了支撑和条件。

大数据时代已经来临，采集、处理某些特定数据的平台和技术都已具备，决策的制定不再依赖于直觉或经验判断，而是建立在体量庞大的数据基础上，让数据智能化、智慧化。只有与时俱进，主动拥抱和融入大数据浪潮，才能不断焕发生机和活力。

项目小结

大数据，不仅是一次技术革命，也是一次思维革命。按照大数据的思维方式，我们做事情的方式与方法需要从根本上改变。大数据思维的 10 种核心原理是：数据核心原理、数据价值原理、全样本原理、关注效率原理、关注相关性原理、预测原理、信息找人原理、机器懂人原理、电子商务智能原理、定制产品原理。大数据不仅将改变每个人的日常生活和工作方式，也将改变商业组织和社会组织的运行方式。只有思维升级了，才可能在这个时代透过数据看世界，比别人看得更加清晰，从而在大数据时代有所成就。本项目简单阐述了大数据思维的三个维度及运用大数据思维的案例分析，通过案例得出了大数据思维方式的启示。

实训练习

应知考核

一、单项选择题

1. 在大数据时代，数据分析模式发生了转变，从“流程”核心转变为（　　）核心。

A. “分析”　　B. “大数据”　　C. “数据”　　D. “自动”

2. 大数据的核心就是（　　），大数据能够预测体现在很多方面。

A. 预测　　B. 计算　　C. 数据　　D. 推测

3. （　　），即提供更多描述性的信息，其原则是一切皆可测。

A. 定性思维　　B. 定量思维　　C. 相关思维　　D. 实验思维

4. （　　），一切皆可试，大数据所带来的信息可以帮助企业制定营销策略。

A. 定性思维　　B. 定量思维　　C. 相关思维　　D. 实验思维

5. 大数据与小数据的根本区别在于大数据采用（　　）方式，小数据强调抽样。

A. 定向思维　　B. 全样思维　　C. 相关思维　　D. 实验思维

6. 大数据的一个鲜明特征就是其（　　）。

A. 特权性　　B. 智慧化　　C. 开放性　　D. 智能化

二、多项选择题

1. 下列属于大数据思维的核心原理的有（　　）。

A. 数据核心原理　B. 数据价值原理　C. 全样本原理　D. 关注效率原理

2. 下列属于大数据思维的核心原理的有（　　）。

A. 关注相关性原理　B. 预测原理　C. 信息找人原理　D. 机器懂人原理

3. 大数据思维有三个维度，这三个维度指的是（　　）。

A. 定性思维　B. 定量思维　C. 相关思维　D. 实验思维

4. 大数据研究专家维克托·迈尔-舍恩伯格指出，大数据时代，人们对待数据的思维方式会发生如下三个变化：（　　）。

A. 从样本思维转向总体思维　B. 从精确思维转向容错思维

C. 从因果思维转向相关思维　D. 从预测思维转向推测思维

5. 大数据思维包括（　　）。

A. 总体思维　B. 因果思维　C. 容错思维　D. 相关思维

三、判断题

1. 大数据并不在于“大”，而在于“有用”，价值含量、挖掘成本比数量更为重要。（　　）

2. 大数据研究的对象是抽样样本，而非所有数据。（　　）

3. 互联网和大数据的发展，是一个从信息找人到人找信息的过程。（　　）

4. 用大数据思维方式思考问题、解决问题是当下潮流。大数据思维开启了一次重大的时代转型。（　　）

5. 在大数据时代，人们需要建立以大数据整体性为支撑的总体思维。（　　）

6. 容错思维，不是容许错误存在，而是接受不精确的存在，并不断调整纠偏。（　　）

7. 大数据时代，事物各组成要素之间的关系是简单的线性因果关系。（　　）

8. 从数据的使用来看，大数据时代的数据向所有的合法用户保持开放，任何用户都没有数据特权。（　　）

应会考核

1. 阐述体现大数据时代人类思维方式转变的几个方面。

2. 请根据自己的生活实践举出一个大数据思维的典型案例。

3. 通过网络，了解“啤酒和尿布”的商业故事，并说明其中的大数据思维方式。

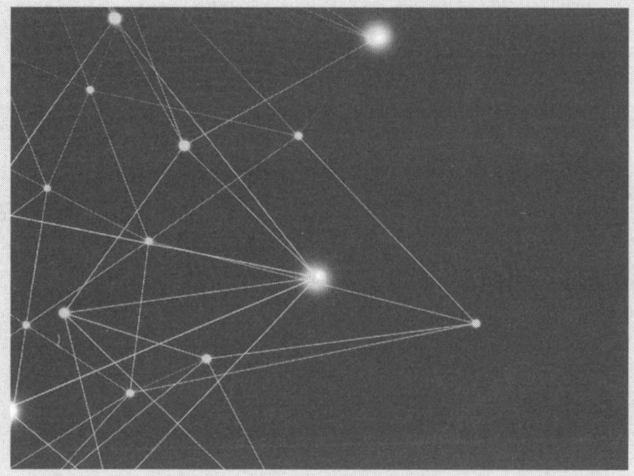

项目三

数据库基础知识

知识目标

■ 了解数据库的定义

■ 了解数据库的类型

■ 了解数据库管理系统

■ 了解数据库语言 SQL

能力目标

■ 掌握数据库的基本内涵

■ 掌握关系型数据库的特征

■ 掌握数据库管理系统及数据库语言

素质目标

■ 掌握数据库分类与关系型数据库的特征，并准确表述关系型数据库的逻辑特征

■ 准确把握数据库管理系统及其与数据库语言的区别

任务一
数据库

一、数据库的定义

在了解数据库之前，我们要先了解一下数据是怎样存储的。我们都知道，当我们的祖先还在荒野中茹毛饮血的时候，他们就学会了利用结绳记事来进行数据存储，这些被打上结的绳子就是“数据”，如图 3-1 所示，虽然这种数据很难保存、很难提取。

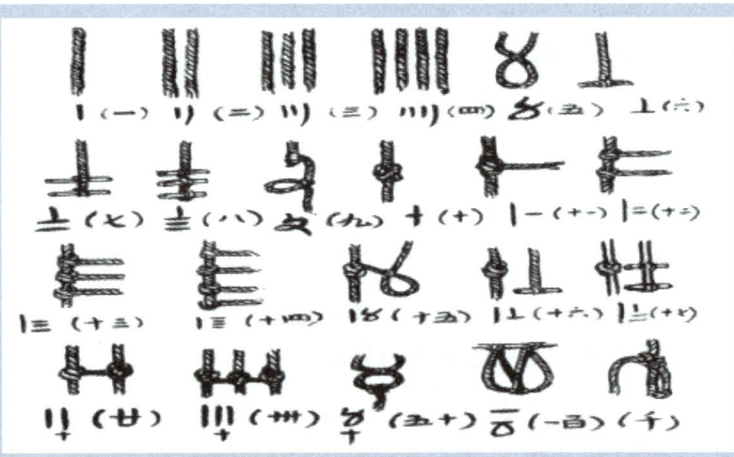

图 3-1 结绳记事

后来，我们的祖先利用甲骨、竹简、纸张等来存储文字数据。近代，人们发明了录音机、摄像机来存储音频数据。虽然数据载体一直在变化，但是数据存储的方式并没有发生很大的变化，都属于传统存储方式。直到信息时代的到来，数据存储的方式才发生了重大变革并朝着两个方向——文件与数据库发展。

（1）文件相当于将数据存放在 Excel 等软件中，形成读写文件后进行存储，然后通过 Python 等工具对文件数据进行筛选、处理、提取；

（2）数据库则是将数据按照其结构存储在计算机中，形成一个具有大数据量的数据集合，相当于存放文件的文件柜，如图 3－2 所示。

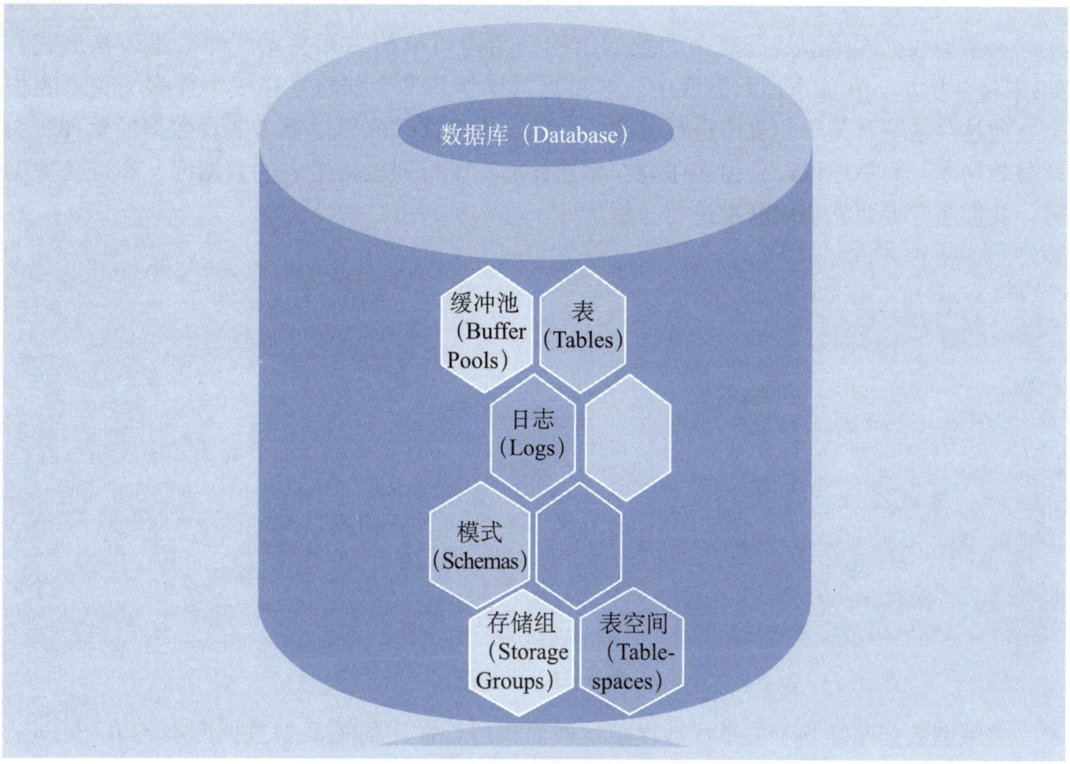

图 3－2 数据库示意图

利用数据库存储数据是目前最为流行的方式，因为数据库拥有持久化存储的特点，读写速度也很高，更关键的是数据库可以在极大程度上保证数据的有效性，而不像 Excel 等文件极易产生修改错误。数据库顾名思义就是数据的集合，是由一张张数据表组成的。

总之，数据库是有组织的数据集合。它是模式（Schema）、表（Table）、查询（Query）、报告（Report）、视图（View）和其他对象的集合。

数据库能系统地组织或结构化地索引信息存储库（通常是一组连接的数据文件），可以轻松地检索、更新、分析和输出数据。这些数据通常存储在计算机中，其形式可以是图形、报告、脚本等，几乎代表每种信息。大多数计算机应用程序（包括防病毒软件、电子表格、文字处理器）的核心都是数据库。

二、数据库的类型

按照早期的数据库理论，比较流行的数据库模型有三种，分别为层次数据库、网状数据库和关系型数据库。而在当今的互联网企业中，最常用的数据库模型主要有两种，即关系型数据库和非关系型数据库。

（一）关系型数据库

关系型数据库模型是把复杂的数据结构归结为简单的二元关系（即二维表格形式），如图 3－3 所示。在关系型数据库中，对数据的操作几乎全部建立在一个或多个关系表格上，通过对这些有关联的表格进行分类、合并、连接或选取等运算来实现数据的管理。关系型数据库，简单地说，是由多张能互相连接的二维行列表格组成的数据库。在准备数据时，我们通常要建立表关联来进行分析。

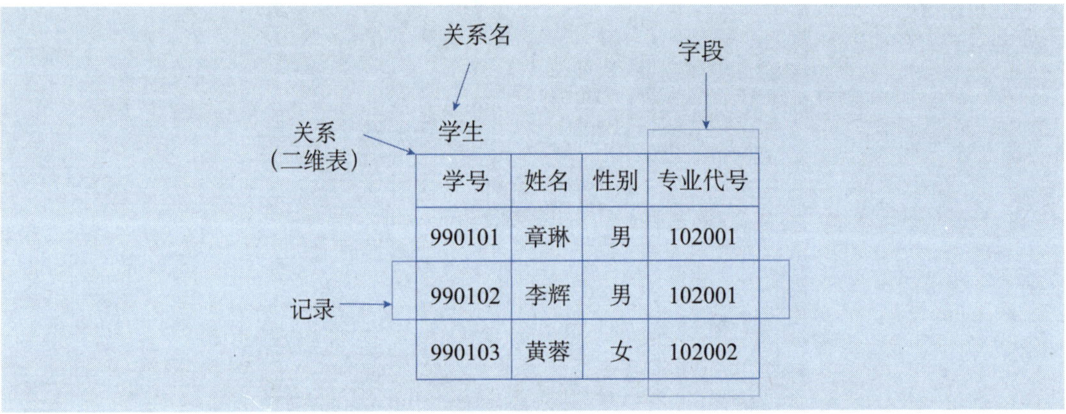

图 3－3　数据表 1

关系型数据库是基于关系代数模型发展而来的，常用的关系型数据库有 SQL Server、MySQL、Oracle、DB2 等。

关系型数据库的基本结构是一张二维表，包括以下概念：

1. *表*

用户在将资料放入文件柜的时候，不是将资料随便扔进某个抽屉就可以了，而是在文件柜中设置文件夹，然后将相关的资料放入相关的文件夹中。这个文件夹或文件框就相当于数据库。

表是一种结构化的文件（如图 3－4 所示），用来存储某种特定类型的数据。在同一个数据库中，表的名字应该是唯一的，但是我们可以在不同的数据库里存放有相同表名的数据表。

学生ID	学生姓名	考试成绩
10231	张三	87
10232	李四	79
10233	王五	82
10234	赵六	90

图 3－4　数据表 2

同时，我们不能把学生数据与教师数据放在同一张表里，否则不容易提取数据，检索和访问也比较麻烦，所以我们应该创建两个表，每个清单一张表。

2. 列

列是组成表的字段信息，一张表可以由一个或多个列组成。

我们可以这样理解，每一列都是数据库表中的每一个字段，如图 3-5 所示，学生 ID 列、学生姓名列、考试成绩列就是三个字段。

学生ID	学生姓名	考试成绩
10231	张三	87
10232	李四	79
10233	王五	82
10234	赵六	90

图 3-5　数据表 3

正确地将数据分解为多个列是十分重要的。例如，班级和学生姓名应该是独立的列，只有将它们分解开，才有可能利用特定的列对数据进行排列和过滤；如果学生姓名和班级组合在了一个列里，按照班级进行过滤就会十分困难，如图 3-6 所示。

学生ID	学生信息	考试成绩
10231	一班张三	87
10232	一班李四	79
10233	二班王五	82
10234	二班赵六	90

图 3-6　数据表 4

数据库中每个列都有对应的数据类型，数据类型定义了可以存储的数据种类。

例如，如果列中存储的是数字，那么对应的数据类型应该是数值类型；如果列中存储的是日期、文本、注释、金额等，那么应该用恰当的数据类型规定出来。

数据类型：每个列都应该有相对应的数据类型，限制存储的数据形式。

3. 行

数据库表中的数据是按照行进行存储的，每一行就是存储的一个数据，比如第一行是张三的数据，第二行是李四的数据。

信息存放在物理实体上，是一堆写在磁盘上的文件，文件中有数据。这些最基础的数据组成了表（Table），我们把它想象成一张 Excel 表的 Sheet（工作表），如图 3-7 所示。

学生ID	学生姓名	年龄
10231	张三	18
10232	李四	19
10233	王五	18

图 3-7　数据表 5

4. 主键

每一张表都有一个唯一标识，即主键，也就是 ID。ID 是数据库中一个重要的概念，用来表示数据的唯一性。这就相当于我们的身份证，是唯一的，有了身份证，我们就知道数据的存储地址了。

ID 通常没有业务含义，就是一种唯一标识，每张表只能有一个主键，且主键通常是整数，主键一旦设立，值通常不允许修改。

数据库是表的集合。一个数据库中可以存放多张表，我们给每张表命名，表与表之间能互相联系。联系就是数据能够对应匹配，正式名称叫作连接，对应的操作叫作 Join，如图 3-8 所示。

学生ID	学生姓名	年龄
1	张三	18
2	李四	19
3	王五	18
4	徐六	19
5	张七	18

教师ID	学生ID	教师姓名
1	2	汪涵
2	4	李想
3	3	张晓
4	5	刘柳
5	1	杨帆

图 3-8　数据表 6

比如上面两幅图，左图是学生信息表，右图是教师信息表。左图的主键是学生 ID，右图的主键是教师 ID。细心的读者可能发现右图还有一个学生 ID，这里的学生 ID 是专门用来连接用户表的，它并不是主键，只不过两张表通过学生 ID 这个唯一信息来关联。

但两张表关联并不是信息能一一对应，也会存在空缺，如图 3-9 所示。

学生ID	学生姓名	年龄
1	张三	18
2	李四	19
3	王五	18
4	徐六	19
5	张七	18

教师ID	学生ID	教师姓名
1	2	汪涵
2	4	李想
3	3	张晓

图 3-9　数据表 7

两张表建立连接后就会变成如图 3-10 所示的数据表。

学生ID	学生姓名	年龄	教师ID	教师姓名
1	张三	18	null	null
2	李四	19	1	汪涵
3	王五	18	3	张晓
4	徐六	19	2	李想
5	张七	18	null	null

图 3-10　数据表 8

通俗地理解，关系型是数据作为二维数组存在的，可以理解为图书馆的图书排列。书架、楼层可以理解为关系型数据结构，书作为数据存在，而所有图书馆管理员就是数据库的进程，负责不同的工作。有人负责数据修复、备份，有人负责整理书架、书籍（数据整理、归档），而用户进程是来到图书馆的顾客，他们看书、移动书籍，管理员就会对其进行维护，如图 3－11 所示。

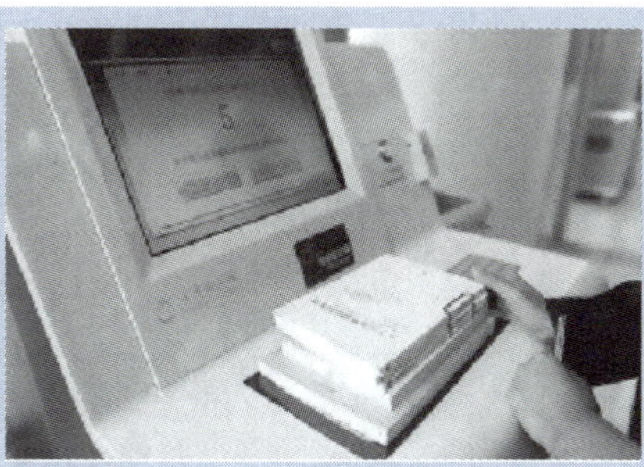

图 3－11　在图书馆查阅图书

关系型数据库自诞生至今已有 50 多年，从理论产生、发展到实现产品，如常见的 MySQL 和 Oracle。Oracle 在数据库领域占据重要地位，形成每年高达数百亿美元的庞大产业市场，而 MySQL 也是不容忽视的数据库，以至于被 Oracle 重金收购了。图 3－12 为常见的关系型数据库。

图 3－12　常见的关系型数据库

（二）非关系型数据库

非关系型数据库也被称为 NoSQL 数据库，本意是“Not Only SQL”，是传统数据库的一个有效补充。NoSQL 数据库在特定的场景下可以发挥出难以想象的高效率和高性能。

随着 Web 2.0 网站的兴起，海量数据对关系型数据库存储的容量要求更高，单机无法满足需求，很多时候需要用集群来解决问题，关系型数据库就显得力不从心了，非关系型数据库因此诞生。实际上，非关系型数据库就是针对特定场景，以高性能和使用便利为目的而特异化的数据库产品，如谷歌的 BigTable 与亚马逊（Amazon）的 Dynamo。

图 3-13 为关系型数据库与非关系型数据库示例。

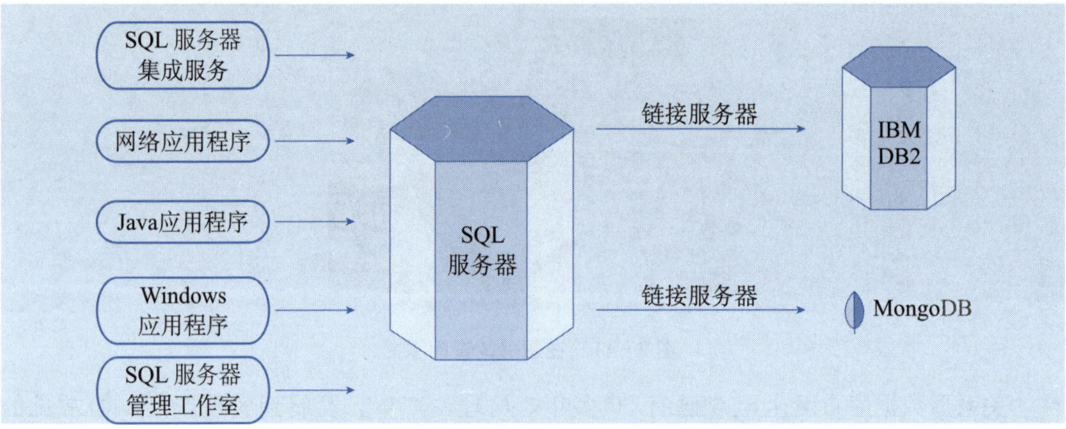

图 3-13　关系型数据库与非关系型数据库

任务二
数据库管理系统与数据库系统

一、实体与数据库

实体是客观存在并可互相区分的事物。就数据库而言，实体往往是指某类事物的集合，可以是具体的人、事、物，也可以是抽象的概念、联系。在现实世界中，实体并不是孤立存在的，实体与实体之间也存在联系。例如，课程与学生之间存在学生学习课程的联系，课程与教师之间存在教师创建课程的联系。实体数据的存储要求是：必须按照一定的分类和规律存储。而数据库是专门用来存储这些实体信息的数据集合。其具有的特点包括：海量存储数据，数据检索方便；保持数据信息的一致、完整，并实现数据的共享和安全；通过组合分析，产生新的有用的信息。

实体存储的基本单元是数据表。同类实体存放在同一张表中，表又称为实体的集合。表中的行（记录）即为实体，表中的列（字段）为实体的属性，如图 3－14 所示。

ID	姓名	性别	生日
10000	张三	男	19990201
10001	李四	女	20010203
10002	王五	男	20050506
10003	赵六	女	20070508
10004	冯七	男	20090804
10005	杜八	女	20120506
10006	马九	男	20120504

图 3－14　数据表 9

不同实体存储在不同的数据表中，如图 3－15 所示。

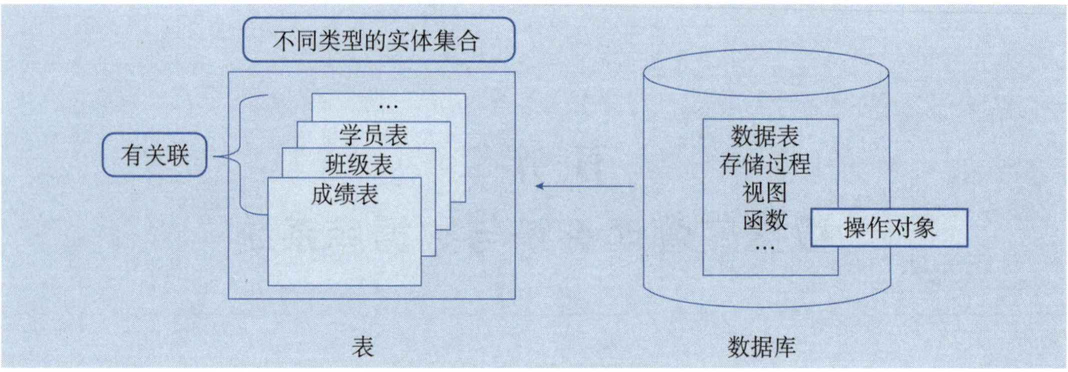

图 3-15　表与数据库的关系

二、数据库管理系统

数据库管理系统（DataBase Management System，DBMS）是一种操纵和管理数据库的软件，用于建立、使用和维护数据库。它对数据库进行统一的管理和控制，以保证数据库的安全性和完整性。用户通过 DBMS 访问数据库中的数据，数据库管理员也通过 DBMS 进行数据库的维护工作。它可使多个应用程序和用户用不同的方法在同时或不同时刻去建立、修改和询问数据库。

数据库管理系统主要提供如下功能。

（一）数据定义

DBMS 提供数据定义语言（Data Definition Language，DDL），供用户定义数据库的三级模式结构、两级映像以及完整性约束和保密限制等约束。DDL 主要用于建立、修改数据库的库结构。DDL 所描述的库结构仅仅给出了数据库的框架，数据库的框架信息被存放在数据字典（Data Dictionary）中。

（二）数据操作

DBMS 提供数据操作语言（Data Manipulation Language，DML），供用户实现对数据的追加、删除、更新、查询等操作。

（三）数据库的运行管理

数据库的运行管理功能是 DBMS 的运行控制、管理功能，包括多用户环境下的并发控制、安全性检查和存取限制控制、完整性检查和执行、运行日志的组织管理、事务的管理和自动恢复，即保证事务的原子性。这些功能保证了数据库系统的正常运行。

（四）数据组织、存储与管理

DBMS 要分类组织、存储和管理各种数据，包括数据字典、用户数据、存取路径等，需要确定以何种文件结构和存取方式在存储级别上组织这些数据，如何实现数据之间的联系。

数据组织和存储的基本目标是提高存储空间利用率，选择合适的存取方法以提高存取效率。

（五）数据库的保护

数据库中的数据是信息社会的战略资源，所以对数据的保护至关重要。DBMS 对数据库的保护通过 4 个方面来实现：数据库的恢复、数据库的并发控制、数据库的完整性控制、数据库的安全性控制。DBMS 的其他保护功能还有系统缓冲区的管理以及数据存储的某些自适应调节机制等。

（六）数据库的维护

一个数据库被创建后的工作叫作数据库的维护。数据库的维护比数据库的创建和使用更难，这一部分包括：备份系统数据，恢复数据库系统，产生用户信息表，为信息表授权，监视系统运行状况，及时处理系统错误，保护系统数据安全，定期更改用户口令。这些功能分别由各个应用程序来完成。

（七）通信

DBMS 具有与操作系统的联机处理、分时系统及远程作业输入相关的接口，负责处理数据的传送。网络环境下的数据库系统，还应该包括 DBMS 与网络中其他软件系统的通信功能以及数据库之间的互操作功能。

总之，数据库管理系统（DBMS）是一个供用户使用的数据库管理软件，目的是通过数据库管理软件完成对数据库数据的处理。其功能如图 3－16 所示。

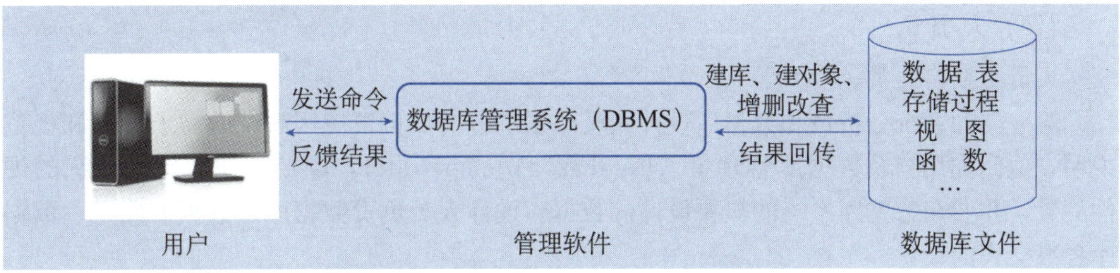

图 3－16　数据库管理软件管理数据库数据

对非专业人士来说，借助应用程序实现对数据库的操作更为便捷。应用程序是根据用户需求开发的具有业务逻辑的管理软件。专业人士可直接通过数据库管理软件（DBMS）管理数据库。普通用户即非专业人士可以通过应用程序指挥 DBMS 完成数据处理操作，如图 3－17 所示。

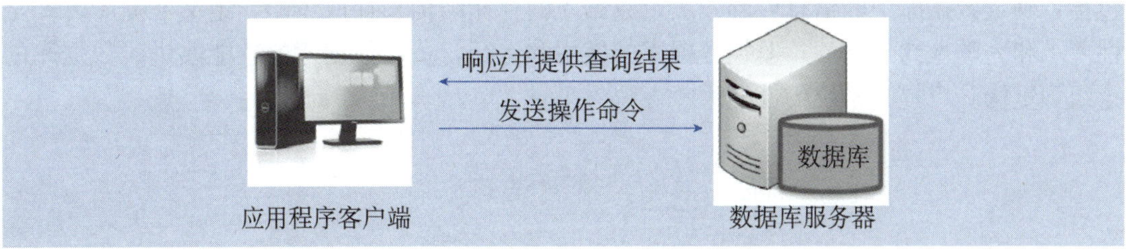

图 3－17　数据库管理软件与应用程序交互

三、数据库系统

数据库系统（Database System，DBS）一般由 4 个部分组成。

（一）数据库（Database，DB）

数据库是指长期存储在计算机内的、有组织、可共享的数据的集合。数据库中的数据按一定的数学模型组织、描述和存储，具有较小的冗余、较高的数据独立性和易扩展性，并可为各种用户共享。

（二）硬件

硬件构成计算机系统的各种物理设备，包括存储所需的外部设备。硬件的配置应满足整个数据库系统的需要。

（三）软件

软件包括操作系统、数据库管理系统以及应用程序。数据库管理系统是数据库系统的核心软件，在操作系统（如 Windows、Linux 等操作系统）的支持下工作，是解决如何科学地组织和存储数据、如何高效地获取和维护数据的系统软件。其主要功能包括：数据定义功能、数据操纵功能、数据库的运行管理和数据库的建立与维护。

（四）人员

人员主要有 4 类。

第一类为系统分析员和数据库设计人员。系统分析员负责应用系统的需求分析和规范说明，他们和用户及数据库管理员（Database Administrator，DBA）一起确定系统的硬件配置，并参与数据库系统的概要设计。数据库设计人员负责数据库中数据的确定、数据库各级模式的设计。

第二类为应用程序员，他们负责编写使用数据库的应用程序。这些应用程序可对数据进行检索、建立、删除或修改。

第三类为最终用户，他们利用系统的接口或查询语言访问数据库。

第四类为数据库管理员，他们负责数据库的总体信息控制。数据库管理员的具体职责包括：确定数据库中的信息内容，决定数据库的存储结构和存取策略，定义数据库的安全性要求和完整性约束条件，监控数据库的使用和运行，负责数据库的性能改进、数据库的重组和重构，以提高系统的性能。

任务三
数据库系统、数据库管理系统、数据库应用系统的关系

下面主要分析数据库系统、数据库管理系统、数据库应用系统三者的区别与联系。

一、数据库系统、数据库管理系统、数据库应用系统的区别

（一）本质不同

数据库系统是一种软件系统，数据库管理系统本质上是一个软件，而数据库应用系统则是一个计算机应用系统。

数据库系统是为适应数据处理的需要而发展起来的一种较为理想的数据处理系统，也是一个为实际可运行的存储、维护和应用系统提供数据的软件系统，是存储介质、处理对象和管理系统的集合体。

数据库管理系统就是实现把用户意义下抽象的逻辑数据处理，转换成为计算机中具体的物理数据处理的软件。

数据库应用系统是在数据库管理系统（DBMS）支持下建立的一种计算机应用系统。

（二）成分不同

数据库系统通常由数据库（DB）、硬件、软件和人员组成，其中的软件部分主要包括操作系统、数据库管理系统以及应用程序。

数据库管理系统由数据库语言和数据库管理例行程序组成。

数据库应用系统是由数据库系统、应用程序系统、用户组成的，具体包括数据库、数据库管理系统、数据库管理员、硬件平台、软件平台、应用软件、应用界面等，如图 3-18 所示。

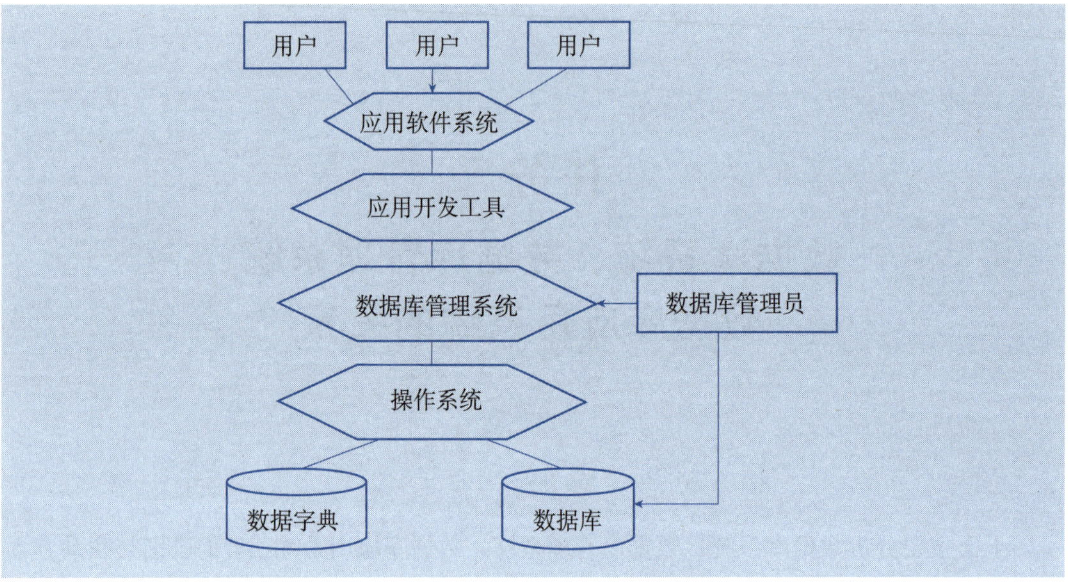

图 3-18　数据库应用系统结构

二、数据库系统、数据库管理系统、数据库应用系统的联系

（1）三者都用于管理数据库，功能都是对数据库进行管理。

（2）数据库系统和数据库应用系统都包含数据库管理系统，这两者都是通过数据库管理系统来实现对数据库的管理和操控的。

任务四
SQL 与数据库的关系

一、数据结构化及相关概念

在信息社会，信息可以划分为三大类：结构化数据、半结构化数据和非结构化数据。

（1）结构化数据：即行数据，是由二维表结构来逻辑表达和实现的数据，严格地遵循数据格式和长度规范，主要通过关系型数据库进行存储和管理。数据集中每条数据属性的数量和顺序相同，且数据的结构信息和数据内容是分离的，最典型的是关系型数据库的表。

（2）半结构化数据：是介于结构化数据和非结构化数据之间的数据，它没有严格的表格结构，但包含一些结构性信息，不能直接用二维表格表示。其数据结构不固定，具有一定的灵活性，但又包含部分结构化的元素。例如，XML（可扩展标记语言）文件、日志文件等包含的数据为半结构化数据。

（3）非结构化数据：顾名思义，就是没有固定结构的数据，常见的各种文档、图片、音频、视频等都属于非结构化数据。这类数据一般以二进制的形式进行整体存储，包括所有格式的文本、图片、各类报表、图像和音频/视频信息等。

二、SQL 与数据库

SQL 就是结构化查询语言（Structured Query Language），被国际标准化组织（ISO）采纳为关系型数据库语言的国际标准。

关于 SQL 与数据库的关系，很多新接触数据库的人以为 SQL 就是用来存储数据的数据库，还有的人以为 SQL 是数据库的一种。这两种看法都是不准确的。

为了便于理解，举例如下：如果数据就是一张张的表格，我们可以将每个表格保存为一个单独的文件（如 CSV 文件[①]），然后按照不同的业务关系，将这些文件组织到不同的文件夹中。这时，每个文件就相当于数据库的基础构成要素——数据表，而文件夹则相当

① CSV 文件是一种纯文本格式的表格数据文件，全称是 Comma-Separated Values（逗号分隔值）。

于数据库，用于管理多个相关表。而当文件夹也繁多复杂的时候，我们就可以将文件夹按照不同的构成分类存储在文件柜中，每个文件柜中可能有非常多的分类用来存放不同的文件夹，这个文件柜就相当于数据库。而当我们想要从文件柜中找到某份文件的时候，我们就需要按照一定的规则去寻找，比如说“合同文件放在第四排第三层的架子上”，这种查找规则的实施就需要数据库管理系统（DBMS）来实现，其相当于一名文件管理员，帮助我们管理数据库中的数据，如图 3－19 所示。

图 3－19　数据、数据表、数据库之间的关系

最常见的数据库管理系统有 SQL Server、MySQL、Oracle 等。若要对这些系统中的数据库进行管理或操作，就需要一种沟通语言 SQL（Structured Query Language）——一种专门用于操作关系型数据库的结构化查询语言。

知识拓展

数据库的选择

不同的数据库有各自的优缺点，适用于不同的场景和需求。选择合适的数据库系统需要考虑多方面的因素，如数据的量、类型、结构、安全、分析、可用性、一致性、扩展性、成本等，以及业务的特点、目标、预算、技术等。

一般来说，选择合适的数据库系统的步骤有：

（1）分析数据和业务的需求：明确数据的来源、内容、格式、用途等，以及业务的规模、流程、功能、目标等，确定数据和业务的需求和特点。

（2）比较不同的数据库的特性：了解不同的数据库的类型、功能、性能、优缺点等，比较不同的数据库的特性和适用性。

（3）评估不同的数据库的成本和效益：考虑不同的数据库的购买、安装、配置、维护、升级等的成本和时间，以及不同的数据库的可靠性、稳定性、兼容性、安全性等的效益和风险。

（4）选择最适合的数据库系统：根据数据和业务的需求，以及不同的数据库的特性、成本和效益，选择最适合的数据库系统，或者采用混合数据库的方案，结合不同数据库的优势，实现数据的最佳管理和利用。

针对不同的研究领域，目前常用的数据库系统有以下几种：

（1）Oracle Database：银行系统。银行系统需要处理大量的金融交易数据，这些数据需要较强的查询能力、事务处理能力、数据完整性保证和数据安全性保证，因此银行可以使用 Oracle Database 作为数据库系统。Oracle Database 的优点是可以满足银行系统的数据需求，缺点是成本高、安装配置困难、数据扩展困难等。

（2）MySQL：电商网站。电商网站需要处理大量的商品和订单数据，这些数据需要灵活的数据模型、高效的数据存取、高速的数据缓存、高容错的数据分布和高可扩展的数据架构，因此可以使用 MySQL 作为数据库系统。MySQL 的优点是可以满足电商网站的数据需求，缺点是数据类型少、数据分析工具少、数据安全机制弱等。

（3）Microsoft SQL Server：医疗系统。医疗系统需要处理大量的患者和诊断数据，这些数据需要丰富的数据类型、多种数据分析工具、易用的数据管理界面、集成的数据安全机制，因此可以使用 Microsoft SQL Server 作为数据库系统。Microsoft SQL Server 的优点是可以满足医疗系统的数据需求，缺点是成本高、安装配置复杂、数据存取慢等。

（4）PostgreSQL：教育系统。教育系统需要处理大量的学生和课程数据，这些数据需要高级的数据功能、多种数据扩展选项、兼容的数据标准、开放的数据社区，因此可以使用 PostgreSQL 作为数据库系统。PostgreSQL 的优点是可以满足教育系统的数据需求，缺点是安装配置困难、数据存取慢、数据分布不容错等。

（5）MongoDB：社交网络。社交网络需要处理大量的用户和动态数据，这些数据需要灵活的数据结构、快速的数据查询、动态的数据更新、自动的数据分片和复制，因此可以使用 MongoDB 作为数据库系统。MongoDB 的优点是可以满足社交网络的数据需求，缺点是数据功能简单、数据标准不兼容、数据安全机制弱等。

（6）Redis：游戏系统。游戏系统需要处理大量的玩家和状态数据，这些数据需要简单的数据存储、快速的数据存取、高速的数据缓存、高容错的数据分布，因此可以使用 Redis 作为数据库系统。Redis 的优点是可以满足游戏系统的数据需求，缺点是数据类型少、数据功能简单、数据安全机制弱等。

（7）SQLite：个人应用。个人应用需要处理少量的个人和设置数据，这些数据需要轻量的数据存储、快速的数据存取、易用的数据管理界面、集成的数据安全机制，因此可以使用 SQLite 作为数据库系统。SQLite 的优点是可以满足个人应用的数据需求，缺点是数据类型少、数据功能简单、数据分析工具少等。

（8）MariaDB：企业应用。企业应用需要处理各种规模和需求的业务数据，这些数据需要兼容 MySQL、数据功能多、数据性能优、数据管理界面丰富、数据安全机制强，因此可以使用 MariaDB 作为数据库系统。MariaDB 的优点是可以满足企业应用的数据需求，缺点是安装配置困难、数据存取慢、数据分布不容错等。

（9）Cassandra：物联网。物联网需要处理海量和分布式的设备和传感器数据，这些数据需要高效的数据存储、快速的数据存取、容错的数据分布、可扩展的数据架构，因此可以使用 Cassandra 作为数据库系统。Cassandra 的优点是可以满足物联网的数据需求，缺点是数据类型少、数据功能简单、数据分析工具少等。

（10）Neo4j：知识图谱。Neo4j 是专为知识图谱设计的图数据库。知识图谱需要处理高度互联的实体和关系数据，要求数据结构灵活、查询高效、支持动态更新、具备分布式容错与可扩展架构。Neo4j 的属性图模型和实时关系查询能直接映射知识图谱的网状结构，满足以上需求。

项目小结

本项目主要阐述了数据库、数据库系统、数据库应用系统与数据库管理系统（DBMS）以及它们之间的关系，并对结构化数据、半结构化数据、非结构化数据进行了对比。本项目还涉及实体的概念以及结构化查询语言 SQL 的基础知识。通过对本项目的学习，学生能够明晰数据库系统、数据库管理系统、数据库应用系统的区别与联系，以及结构化查询语言 SQL 及结构化数据的特点，为后面学习大数据相关知识做准备。

实训练习

应知考核

一、填空题

1. 随着信息时代的到来，数据存储的方式发生了重大变革并朝着两个方向发展：______与__________。

2. __________是有组织的数据集合。它是模式（Schema）、表（Table）、查询（Query）、报告（Report）、视图（View）和其他对象的集合。

3. 最常用的数据库模型主要有两种，即__________和__________。

4. 关系型数据库是基于关系代数模型发展而来的，常用的关系型数据库有________________________等。

5. __________是一种操纵和管理数据库的软件，用于建立、使用和维护数据库，它对数据库进行统一的管理和控制，以保证数据库的安全性和完整性。

6. 数据库管理系统主要提供的功能有：____。

7. 结构化数据是指____。

8. 半结构化数据是指____。

9. 非结构化数据是指____。

二、判断题

1. 数据库就是数据表。（　　）

2. 数据表的列为实体属性。（　　）

3. 数据库管理系统就是数据库的建立者。（　　）

4. 数据库系统包含数据库管理系统。（　　）

5. SQL 是数据库管理系统。(　　)
6. 数据库应用系统包含数据库系统。(　　)
7. 数据表中的每一行即为一个实体。(　　)
8. 数据库系统即很多个数据库的集合。(　　)
9. NoSQL 数据库就是非结构化数据库。(　　)
10. 非结构化数据库是 NoSQL 数据库。(　　)

应会考核

1. 简述数据库系统、数据库管理系统、数据库应用系统之间的关系。
2. 举例说明结构化数据、半结构化数据和非结构化数据。
3. 阐述 SQL 的含义。

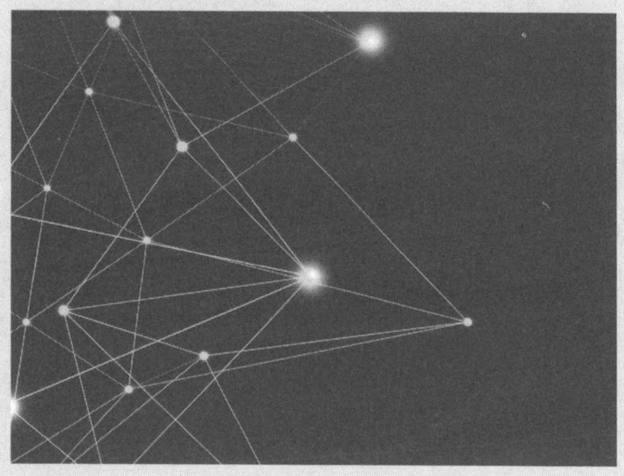

项目四

大数据分析技术及相关应用

知识目标

- 了解大数据分析基本流程
- 了解大数据处理和分析工具
- 了解大数据技术在相关行业中的应用

能力目标

- 形成大数据分析的业务思维和流程规划能力
- 具备依托大数据技术辅助管理决策的应用能力

素质目标

- 具备大数据分析的基本能力

任务一 大数据分析技术之初体验

一、传统方式下数据处理和分析

所有业务分析都是基于数据进行的。传统意义上，这意味着数据是企业自己创建和存储的结构化数据，如客户关系管理（CRM）系统中的客户数据、ERP 系统中的运营数据，以及会计数据库中的财务数据。得益于社交媒体和网络服务、数字传感器以及网络设备、机器和人类产生的网上交易，以及其他来源的非结构化和半结构化的数据的普及，企业现有数据的体积和类型以及为追求最大商业价值而产生的实时分析的需求正在迅速增加。我们称这些数据为大数据，而大数据分析通常是指对规模巨大的数据进行分析，通过多个学科技术的融合，实现数据的采集、管理和分析，从而发现新的知识规律。

传统的数据管理和业务分析工具及技术都面临大数据的压力，与此同时，帮助企业获得来自基于大数据分析的新方法不断涌现。这些新方法采取一种完全不同于传统工具和技术的方式进行数据处理、分析和应用。这些新方法包括开源框架 Hadoop、NoSQL 数据库（如 Cassandra 和 Accumulo）以及大规模并行分析数据库（如 EMC（易安信）公司的 Greenplum 和惠普公司的 Vertica）。这意味着，企业也需要从技术和文化两个角度重新思考其对待业务分析的方式。

传统上，为了特定分析目的而进行的数据处理都是基于相当静态的蓝图。通过常规的业务流程，企业通过 CRM、ERP 和财务系统等应用程序，创建基于稳定数据模型的结构化数据。数据集成工具用于从企业应用程序和事务型数据库中抽取、转换和加载（Extract，Transform and Load，ETL）数据到一个临时区域，在这个临时区域进行数据质量检查和数据标准化，数据最终被模式化到整齐的行和表中。这种模式化和清洗过的数据被加载到企业级数据仓库。这个过程会周期性地发生，如每天或每周，有时会更加频繁。

传统的数据处理/分析方法如图 4－1 所示。

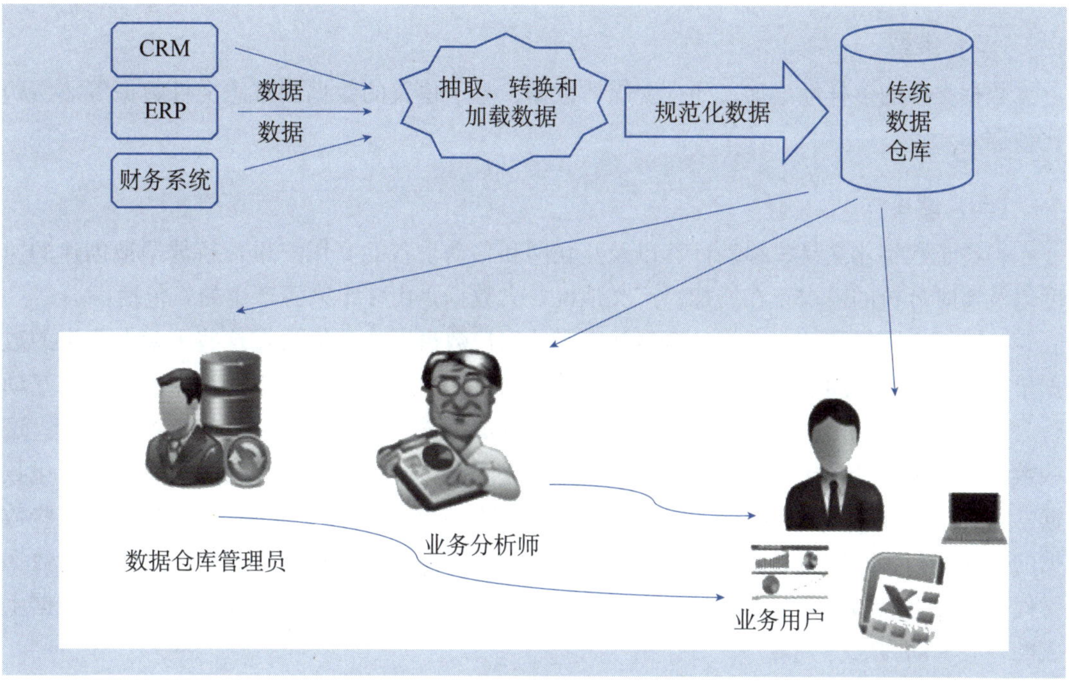

图 4-1 传统的数据处理/分析方法

在传统数据仓库中，数据仓库管理员创建计划，定期计算数据仓库中的标准化数据，并将产生的报告分配到各业务部门。他们还为管理人员创建仪表板和其他功能有限的可视化工具。

同时，业务分析师利用数据分析工具在数据仓库中进行高级分析，或者通常情况下，由于数据量的限制，将样本数据导入本地数据库中。业务用户通过前端的商业智能工具（如 IBM 的 Cognos）对数据仓库进行基础的数据可视化和有限的分析。传统数据仓库的数据量很少超过几个 TB，因为大容量的数据会占用数据仓库资源并且降低性能。

二、大数据性质的变化

Web、移动设备和其他技术的出现导致数据性质有了根本性变化。大数据具有重要而独特的性质，这些性质使其与传统数据在存储处理和管理方式上存在显著差异。与以往任何时候相比，现在的数据都是高度分散的、结构松散的（如果存在结构的话）并且体积越来越大。具体来说，大数据性质的变化体现在以下几点：

（一）体积

通过 Web、移动设备、IT 基础设施和其他来源产生的企业内部和防火墙外的数据量每年都在成倍增加。

（二）类型

数据类型的多样性增加，如社交媒体数据、基于位置的数据和日志文件数据等非结构化数据。

（三）速度

得益于数字化交易、移动计算以及互联网和移动设备的高用户量，新数据被创建的速度以及实时分析的需求正在增加。广义地说，大数据是由多个来源产生的，包括：

（1）社交网络和社交媒体。全球社交媒体用户数量庞大，每天在这些平台上产生的数据量也极其庞大。随着移动设备的普及和社交媒体的广泛应用，用户在社交网络上的互动行为（如点赞、评论、分享、私信等）也持续激增，进一步推动了数据的爆炸性增长。这些数据不仅包括结构化数据（如用户的基本信息、购买记录等），还包括大量半结构化数据（如日志文件、XML 文件）、非结构化数据（如文本、图片、视频、音频等），这些数据的多样性和实时性给数据的处理和分析带来了巨大挑战。因此，社交媒体已成为大数据时代的重要组成部分，其数据量之大、增长速度之快、内容之丰富，使其成为全球数据生成的核心驱动力之一。

（2）移动设备。移动设备（尤其是智能手机和平板电脑）让使用社交媒体等应用程序更容易，而社交媒体的使用会产生大量数据。移动设备也收集和传送位置数据。

（3）网上交易。网上购物、股票交易等每天都在发生，包括无数的自动交易。每次交易都产生了大量数据点，这些数据点会被零售商、信贷机构和其他机构收集。

（4）网络设备和传感器。各种类型的电子设备（包括服务器和其他 IT 硬件、智能电表和温度传感器）都会创建半结构化的日志数据记录每一个动作。

从时间或成本效益上看，传统的数据仓库等数据管理工具都无法实现大数据的处理和分析工作。也就是说，只有将数据组织成关系表（整齐的行和列数据），传统的企业级数据仓库才可以处理。由于需要的时间和人力成本，对海量的非结构化数据应用这种结构是不切实际的。此外，扩展传统的企业级数据仓库使其适应潜在的 PB 级数据需要在新的专用硬件上投入巨额资金。而由于数据加载这一个瓶颈，传统数据仓库的性能也会受到影响。

对于大多数企业而言，这种转变并不容易，但对于接受这种转变并将大数据作为业务分析实践基石的企业来说，它们会拥有远远超过同行业的显著竞争优势。大数据助力复杂的业务分析可能为企业带来前所未有的关于客户行为以及变化的市场环境的深入洞察，使得他们能够更快速地做出数据驱动业务的决策，从而比竞争对手更有效率。

从存储及支持大数据处理的服务器端技术到为终端用户带来鲜活的新见解的前端数据可视化工具，大数据的出现也为硬件、软件和服务供应商提供了显著的机会。无论是提供能增加商业价值的大数据应用，还是研发让大数据落地的技术与服务，这些助力企业向大数据实践转型的供应商，其业务规模都将实现显著增长。

大数据已成为各行业构建核心竞争力的关键要素。那些视大数据为昙花一现的企业与技术供应商，很快就会发现自己只有付出巨大的努力，才能跟上早早布局、深度思考的竞争对手；而对大数据价值有深刻认知并积极拥抱的企业，创新活力将持续迸发，运营灵活性与盈利空间也会拥有近乎无限的拓展可能。

因此，企业需要处理和分析大数据的新工具。

任务二
大数据分析生命周期

由于被处理数据的容量、速率和多样性的特点，大数据分析不同于传统的数据分析。为了处理大数据分析需求的多样性，我们需要一步步地使用采集、处理、分析和重用数据等方法。接下来，我们将研究特定的大数据分析生命周期，也称为大数据分析流程。这个大数据分析生命周期可以组织和管理与大数据分析相关的任务和活动。从大数据的采用和规划的角度来看，除了生命周期以外，我们还必须考虑大数据分析团队的培训、教育、工具和人员配备的问题。

大数据分析生命周期可以分为以下七个阶段：(1) 明确目的；(2) 数据获取；(3) 数据存储；(4) 数据处理；(5) 数据分析；(6) 数据可视化；(7) 报告撰写。

大数据分析生命周期的不同阶段所需的大数据技术也不尽相同。从大数据分析生命周期角度看，大数据技术主要包括数据收集、数据存储、数据处理、数据分析、数据可视化。

一、数据收集

数据收集是在明确数据分析的目的后获取数据的过程，可以为数据分析提供直接的素材和依据。在收集数据时，数据来源包括两种：一是直接数据，通过直接来源获取的数据是第一手数据，这类数据主要来源于直接的调查或实验的结果；二是间接数据，也称为第二手数据，第二手数据一般来源于他人的调查或实验，是对结果进行加工整理后的数据。

在实际工作中，获取数据的方式有很多种，包括数据库、公开出版物、统计工具、市场调查等。

（一）数据库

现代企业都有自己的业务数据库，用来存放公司自成立以来的相关业务数据。企业在做数据分析时要对业务数据库中庞大的数据资源善加利用，发挥出它的作用。

例如，电商数据分析人员可以通过网站用户数据、订单数据、反馈数据这几种方式获取相应的网站数据：

（1）网站用户数据：包括注册时间、用户性别、所属地域、来访次数、停留时间等。

（2）订单数据：包括下单时间、订单数量、商品品类、订单金额、订购频次等。

（3）反馈数据；包括客户评价、退货换货、客户投诉等。

（二）公开出版物

在数据分析中，有时会需要一些比较专业的数据，这些数据可以通过公开出版物获取，如中国统计网、各行各业的发展报告等。

（三）统计工具

专业的网站统计工具有很多，国内常用的网站统计工具有百度统计和CNZZ（现更名为友盟+）等。通过这些统计工具，我们可以获取访客来源、访客访问渠道、访客搜索关键词、访客浏览了哪些页面等数据信息，并且能够根据需要进行广告跟踪等。

（四）市场调查

市场调查就是用科学的方法，有目的、系统地搜集、记录、整理和分析市场情况，了解市场的现状以及发展趋势，为企业的决策者进行市场预测、做出经营决策、制订计划提供客观、正确的依据。市场调查的常用方法有观察法、实验法、访问法、问卷法等。

二、数据存储

数据的有效存储是大数据技术的基础。数据存储技术的发展主要经历了以下几个阶段：

（一）关系型数据库阶段

传统的数据处理技术以关系型数据库作为基本的存储方式。在关系型数据库中，通常要把待分析的数据处理成一张表的形式，表的每一行称为一个实例、对象或样本，表的每一列称为属性、特征或变量。关系型数据库在数据更新处理和系统可靠性方面具有较强的优势，但其数据通常存储于分散、异构的业务环境中，难以统一访问和查询。因此，在支持决策的数据分析处理中，关系型数据库难以满足多样化的需求。

（二）数据仓库阶段

为了将大量的业务数据用于分析和统计，人们提出了数据仓库的概念。一个完整的数据仓库主要由四部分构成：数据源、数据仓库和数据集市、OLAP（Online Analytical Processing，联机分析处理）服务器，以及前台分析工具。其中，数据仓库中的数据源包括联机事务处理系统、外部数据源、历史业务数据集等，前台分析工具主要包括各种报表工具、查询工具、数据分析工具、数据挖掘工具，以及各种基于数据仓库和数据集市的应用开发工具等。

（三）非关系型数据库和分布式文件系统阶段

在 Web 2.0 时代，互联网更加注重用户交互，网站信息的提供者由传统网站管理员变成了普通用户。用户提供的信息是海量的，从航班预订、股票交易到通信、购物、娱乐、社交，数据量从 TB 级升至 PB 级，并仍在持续爆炸式地增长。为了应对大数据时代海量互联网数据的存储和管理需求，非关系型数据库和分布式文件系统应运而生，它们使得数据的存储可以扩展到数以千计的节点上，具有更高的可用性和可扩展性。

三、数据处理

在数据分析师获取的大量数据中，并不是所有的数据都具有价值，这时就需要数据分析师对数据进行处理加工来提取有价值的数据。在数据分析中，数据处理是必不可少的一个环节，主要包括数据清理、数据转换、数据提取、数据汇总、数据计算等数据处理方法。

四、数据分析

数据分析是指数据分析师对处理过的数据进行分析，通过合适的方法及工具，从中推导出有价值的信息并形成有效结论的过程。

数据分析师在确定数据分析思路的阶段，应根据分析内容确定合适的分析方法，这样才能从容地对数据进行分析研究。

目前，数据分析多是通过软件来完成的，简单实用的软件有人们比较熟悉的 Excel，专业高端的分析软件有 SPSS（统计产品与解决方案软件）和 SAS（统计分析软件）等。另外，在电商数据分析中，我们还需要使用生意参谋等专门的数据分析工具。生意参谋作为阿里巴巴集团为淘宝和天猫卖家提供的核心数据分析工具，具备全面的数据覆盖能力，能够帮助商家深入了解市场动态、消费者行为、竞争对手表现以及自身店铺的运营状况。它不仅提供实时数据监控，还支持多维度分析，如流量分析、交易分析、商品分析、市场趋势预测和竞品分析等，为商家制定精准的营销策略和优化运营提供有力支持。

五、数据可视化

数据可视化是将数据分析结果通过直观的方式（表格、图形等）展现出来。通过展现的数据，决策者能够更好地理解数据分析结果。

通常情况下，表格和图形是展现数据的最好方式。常用的数据图表包括条形图、柱形图、饼图、折线图、散点图、雷达图等。根据需求，数据分析师可以将分析完成的数据进一步整理成相应的图表，如漏斗图、矩阵图、金字塔图等。因为图形能够更直观、有效地将数据分析师的结论和观点表达出来，所以人们更乐于接受用图形展现数据的方式。

知识拓展

数据分析与数据挖掘的区别

数据分析一般都是得到一个指标统计量结果，如总和、平均值等。这些指标数据只有与业务相结合进行解读，才能发挥数据的价值与作用。

数据挖掘一般是指从大量的数据中通过算法搜索隐藏在其中有价值的信息的过程。数据挖掘侧重于解决四类问题：分类、聚类、关联和预测（定量、定性），其重点在于寻找未知的模式与规律。

总体来说，数据分析与数据挖掘的本质是一样的，都是从数据中发现关于业务的有价值的信息，只不过分工不同。

同学们如果对数据挖掘比较感兴趣，可以在掌握一定的数据分析知识后，查找相关资料进行学习。

任务三
大数据处理和分析工具

目前市场上存在多种处理和分析大数据的方法，但多数都有一些共同的特点，即它们利用硬件的优势，使用扩展的、并行的处理技术，采用非关系型数据库存储、处理非结构化数据，并对大数据运用高级分析和数据可视化技术，向终端用户传达见解。

目前较流行的将会改变业务分析和数据管理市场的大数据分析技术有以下三种：Hadoop、NoSQL、大规模并行分析数据库。

一、Hadoop

Hadoop是一个存储、处理和分析海量的分布式、非结构化数据的开源框架，最初由道格·卡廷（Doug Cutting）创建。Hadoop的灵感来自MapReduce。MapReduce是谷歌在21世纪初期开发的用于网页索引的用户定义函数。它被设计用来处理分布在多个并行节点的PB级和EB级数据。

Hadoop集群运行在廉价的商用硬件上，这样硬件扩展就不存在资金压力。Hadoop是Apache软件基金会（The Apache Software Foundation）的一个项目，数百名贡献者不断改进其核心技术。与将海量数据限定在一台机器上运行的方式不同，Hadoop将大数据分成多个部分，这样每个部分都可以被同时处理和分析。

（一）Hadoop的发展史

Hadoop的雏形是2002年Apache的Nutch。Nutch是一个用Java开源实现的搜索引擎，提供了运行自有搜索引擎所需的全部工具，包括Web爬虫和全文搜索功能。

随后在2003年，谷歌发表了一篇关于谷歌文件系统（Google File System，GFS）的技术学术论文。GFS是谷歌为了存储海量搜索数据而设计的专用文件系统。

2004年，Nutch创始人道格·卡廷基于谷歌的GFS论文实现了分布式文件存储系统，命名为HDFS。

2004年，谷歌又发表了一篇关于MapReduce的技术学术论文。MapReduce是一种编程模型，用于大规模数据集（大于 1 TB）的并行分析运算。

2005 年，道格·卡廷又基于 MapReduce，在 Nutch 搜索引擎中实现了该功能。

2006 年，雅虎雇用了道格·卡廷。雅虎将 HDFS 和 MapReduce 升级命名为 Hadoop，并建立了一个独立的团队给道格·卡廷专门研究发展 Hadoop。

不得不说，谷歌和雅虎对 Hadoop 的贡献功不可没。

Hadoop 框架中最核心的设计就是：MapReduce 和 HDFS。MapReduce 的思想是由谷歌的一篇论文所提及而被广泛应用于 Hadoop 的。MapReduce 的核心思想是“任务的分解与结果的汇总”，即通过将任务分解为多个独立的 Map 任务，并在多个节点上并行执行，最终将结果汇总，从而实现大规模数据的高效处理。HDFS 是 Hadoop 分布式文件系统（Hadoop Distributed File System）的缩写，为海量数据的存储提供了底层支持。

我们已经知道，Hadoop 是谷歌的 MapReduce 的一个 Java 实现。MapReduce 是一种简化的分布式编程模式，让程序自动分布到一个由普通机器组成的超大集群上并发执行。Hadoop 主要由 HDFS、MapReduce 和 YARN（Yet Another Resource Negotiator，另一种资源协调器）等组成。Hadoop 的组成如图4-2 所示。

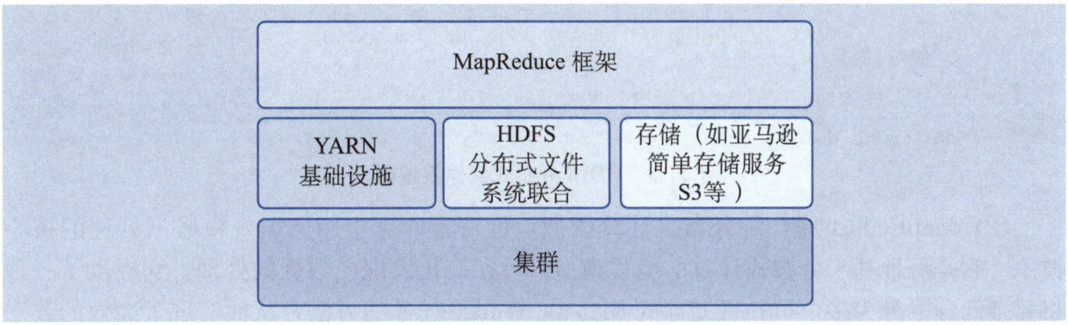

图 4-2　Hadoop 的组成

由图 4-2，我们可以看到：

（1）Hadoop HDFS 是 Google GFS 存储系统的开源实现，主要应用场景是作为并行计算环境（MapReduce）的基础组件，同时也是 BigTable（如 HBase、HyperTable）的底层分布式文件系统。HDFS 采用 master/slave 架构。一个 HDFS 集群由一个名称节点（Namenode）和一定数目的数据节点（Datanode）组成。Namenode 是一个中心服务器，负责管理文件系统的 namespace[①] 和客户端对文件的访问。Datanode 在集群中一般是一个节点一个，负责管理节点上附带的存储。在内部，一个文件其实分成一个或多个数据块，这些数据块存储在 Datanode 集合里，如图 4-3 所示。

图 4-3 中展现了整个 HDFS 的三个重要角色：名称节点（Namenode）、数据节点

① 在 HDFS（Hadoop Distributed File System）中，namespace 是指文件系统的命名空间，它是一个逻辑上的文件结构，用于组织和管理文件和目录。简单来说，namespace 就是文件系统中所有文件和目录的集合，类似于传统操作系统中的文件系统结构。

(Datanode）和客户端（Client）。Namenode 可以看作分布式文件系统中的管理者，主要负责管理文件系统的命名空间、集群配置信息和存储块的复制等。Namenode 会将文件系统的元数据（Metadata）存储在内存中，这些信息主要包括文件信息、每一个文件对应的文件块的信息和每一个文件块在 Datanode 中的信息等。Datanode 是文件存储的基本单元，它将数据块存储在本地文件系统中，保存了数据块的 Metadata，同时周期性地将所有存在的数据块信息发送给 Namenode。Client 就是需要获取分布式文件系统文件的应用程序。

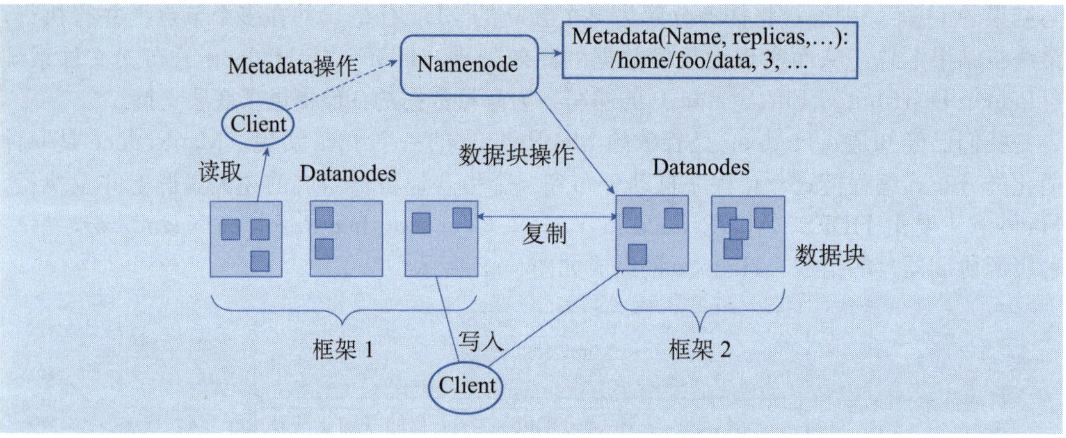

图 4－3　HDFS 分布式文件系统架构

（2）MapReduce 是一种分布式计算模型，也是云计算中用于大规模数据处理的核心技术。它是一种基于分布式计算的编程模型，旨在简化大规模数据的处理。它提供了一种将复杂问题拆分为多个可并行处理的 Map 和 Reduce 任务的方法，从而实现了高效的数据处理。

从名字上看，MapReduce 由两个动词——Map 和 Reduce 组成。“Map”就是将一个任务分解为多个任务，“Reduce”就是将分解后多任务处理的结果汇总起来，得出最后的分析结果。这不是什么新思想，其实在前面提到的多线程、多任务的设计中就可以找到这种思想的影子。不论是在现实社会，还是在程序设计中，一项工作往往可以被拆分成为多个任务，任务之间的关系可以分为两种：一种是不相关的任务，可以并行执行；另一种是任务之间相互依赖，先后顺序不能够颠倒，这类任务是无法并行处理的。在分布式系统中，机器集群就可以看作硬件资源池，将并行的任务拆分，然后交由每一个空闲机器资源去处理，能够极大地提高计算效率，同时这种资源的无关性对于计算集群的扩展无疑提供了最好的设计保证。任务分解处理以后，就需要将处理后的结果再汇总起来，这就是“Reduce”要做的工作。

用一个简单的例子来解释 MapReduce 原理：我们要数图书馆中的所有书，张三数 1 号书架，李四数 2 号书架，这就是“Map”。我们人越多，数书速度就越快。现在我们聚到一起，把所有人的统计数加在一起，这就是“Reduce”。

MapReduce 模式的主要思想是将自动分割要执行的问题（如程序）拆解成 Map（映射）和 Reduce（归纳）的方式，流程如图 4－4 所示。

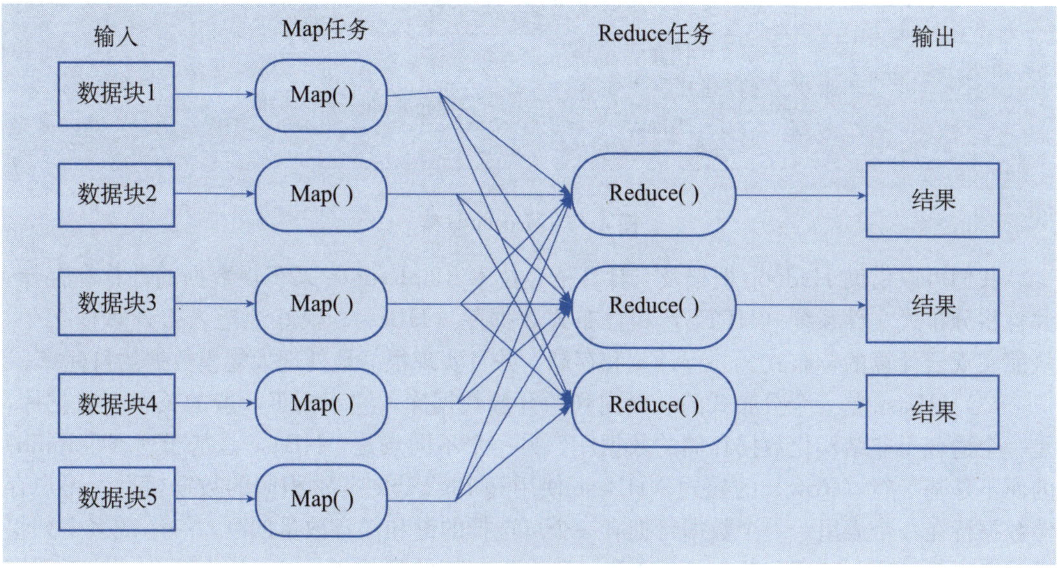

图 4－4　MapReduce 的处理流程

数据被分割后，通过 Map 函数的程序映射成不同的区块，分配给计算机集群处理，达到分布式计算的效果，然后通过 Reduce 函数的程序将结果汇总，从而输出开发者需要的结果。

MapReduce 借鉴了函数式程序设计语言的设计思想，其软件实现是先指定一个 Map 函数，把键值对（Key/Value）映射成新的键值对（Key/Value），形成一系列中间结果形式的键值对（Key/Value），然后将它们传送给 Reduce 函数，把具有相同中间形式 Key 的 Value 合并在一起。Map 和 Reduce 函数具有一定的关联性。

MapReduce 致力于解决大规模数据处理的问题，因此在设计之初就考虑了数据的局部性原理，利用局部性原理将整个问题分而治之。MapReduce 集群由普通计算机构成，为无共享式架构。在处理之前，数据集被分布至各个节点。处理时，每个节点就近读取本地存储的数据处理（Map），将处理后的数据进行合并（Combine）、排序（Shuffle and Sort）后再分发（至 Reduce 节点），避免了大量数据的传输，提高了处理效率。无共享式架构的另一个优点是配合复制（Replication）策略，集群可以具有良好的容错性，一部分节点的死机对集群的正常工作不会造成影响。

Hadoop 是一个实现了 MapReduce 计算模型的开源分布式并行编程框架，程序员可以借助 Hadoop 编写程序，将所编写的程序运行于计算机集群上，从而实现对海量数据的处理。

此外，Hadoop 还提供了一个分布式文件系统（HDFS）及分布式数据库（HBase），用来将数据存储或部署到各个计算节点上。因此，我们可以大致认为：Hadoop＝HDFS（文件系统，数据存储技术相关）＋HBase（数据库）＋MapReduce（数据处理）。Hadoop

框架如图 4－5 所示。

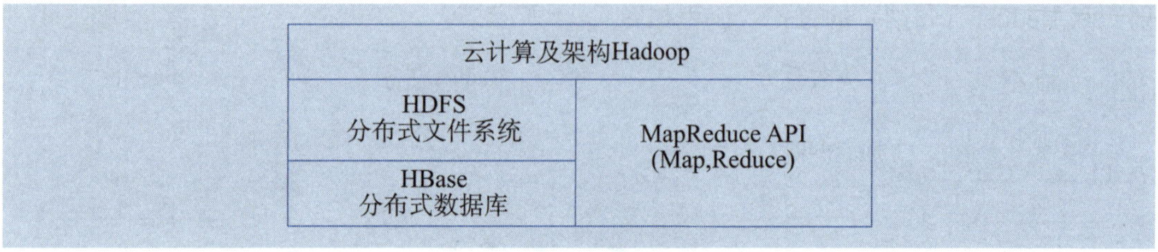

图 4－5　Hadoop 框架

我们可以借助 Hadoop 框架及云计算核心技术 MapReduce 来实现数据的计算和存储，并且将分布式文件系统（HDFS）和分布式数据库（HBase）很好地融入云计算框架中，从而实现云计算的分布式、并行计算和存储，并且实现很好地处理大规模数据的目标。

（3）HBase 是一个分布式的、面向列的开源数据库，它不同于一般的关系型数据库，是一个适合于非结构化数据存储的数据库。另一个不同点是，HBase 是基于列（Column）的而不是基于行（Row）的模式。HBase 使用和 BigTable 非常相同的数据模型。用户存储数据行在一个表里。一个数据行拥有一个可选择的键和任意数量的列，一个或多个列组成一个列族（ColumnFamily），一个族（Family）下的列位于一个 HFile① 中，易于缓存数据。表是疏松地存储的，因此用户可以给行定义各种不同的列。在 HBase 中，数据按主键排序，同时表按主键划分为多个 HRegion②。HBase 数据表结构如图 4－6 所示。

（二）Hadoop 如何工作

客户从日志文件、社交媒体供稿和内部数据存储等来源获得非结构化和半结构化数据。它将数据分解成“部分”，这些“部分”被载入由商用硬件的多个节点组成的文件系统中。Hadoop 的默认文件存储系统是 Hadoop 分布式文件系统。文件系统（如 HDFS）善于存储大量非结构化数据，因为它们不需要将数据组织成关系型的行和列。各“部分”被复制多次，并加载到文件系统中。这样，如果一个节点失效，另一个节点就包含失效节点数据的副本。名称节点充当调解人，负责沟通信息，如哪些节点是可用的，某些数据存储在集群的什么地方，以及哪些节点是失效的。一旦数据被加载到集群中，它就准备好了通过MapReduce 框架进行分析。客户提交一个“匹配”的任务（通常是用 Java 编写的查询语句）给到一个被称为作业跟踪器的节点。该作业跟踪器引用名称节点，以确定完成工作需要访问哪些数据，以及所需的数据在集群的存储位置。一旦确定，作业跟踪器便向相关节点提交查询请求。每个节点同时、并行处理，而非将所有数据集中到一个位置处理。

---

① HFile：H 文件，它是 HBase 中用于存储键值对（Key/Value）数据的文件格式。在 HBase 的存储体系中，用于在 HDFS（Hadoop 分布式文件系统）上持久化存储数据，属于与 HBase 底层存储相关的重要组成部分。

② HRegion：H 区域，也常简称为“区域”。HBase 会把大的表按主键范围划分成多个 HRegion，每个 HRegion 对应表的一段连续数据，这样便于分布式存储和管理，实现数据的分片处理，提升读写等操作的效率，比如不同的 HRegion 可以分布在不同的 RegionServer（区域服务器 ）上进行处理。

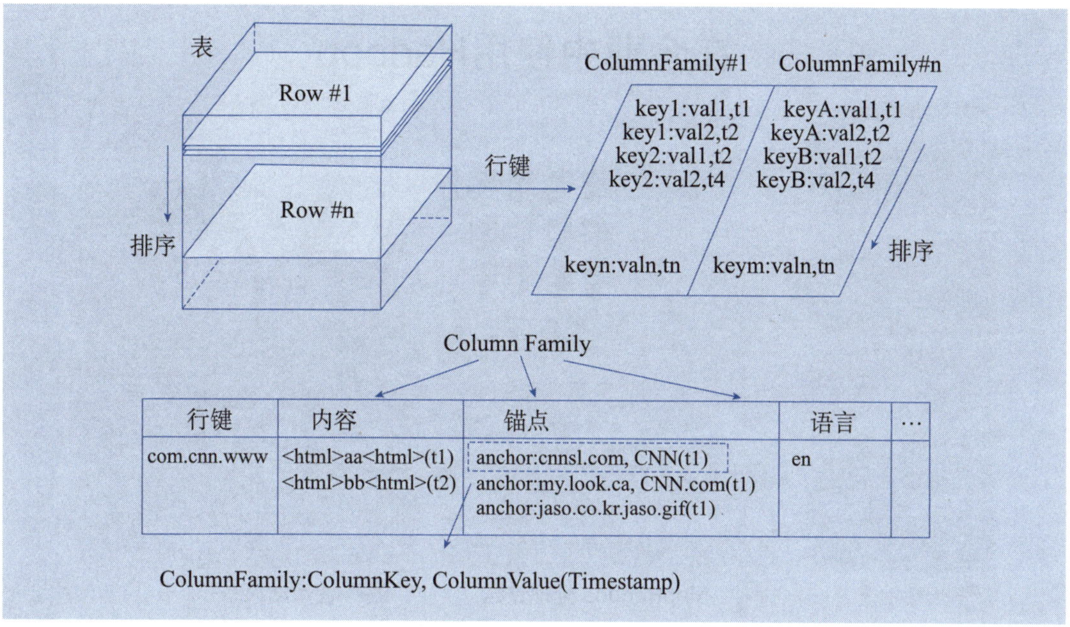

图 4－6　HBase 数据表结构

这是 Hadoop 的一个本质特征。当每个节点处理完指定的作业时，它会存储结果。客户通过任务追踪器启动“Reduce”任务。该任务汇总 Map 阶段存储在各个节点上的结果数据，获得原始查询的“答案”，然后将“答案”加载到集群的另一个节点中，客户就可以访问这些可以载入多种分析环境进行分析的结果了。MapReduce 的工作就完成了。

一旦 MapReduce 阶段完成，数据科学家和其他人就可以使用高级数据分析技巧对处理后的数据进行进一步分析，也可以对这些数据进行建模，将数据从 Hadoop 集群转移到现有的关系型数据库、数据仓库等传统 IT 系统进行进一步的分析，如图 4－7 所示。

（三）Hadoop 的优点和缺点

Hadoop 的主要优点是，它可以让企业以节省成本且高效的方式处理和分析大量的非结构化数据，而这类数据迄今还没有其他处理方式。因为 Hadoop 集群可以扩展到 PB 级甚至 EB 级数据，所以企业不再必须依赖于样本数据集，而可以处理和分析所有相关数据。数据科学家可以采用迭代的方法进行分析，不断改进和测试查询语句，从而得出以前未知的新见解。使用 Hadoop 的成本也很低廉。开发者可以免费下载 Apache 的 Hadoop 分布式平台，并且在不到一天的时间内开始体验 Hadoop。

简单来说，Hadoop 是一个能够对大量数据进行分布式处理的软件框架。Hadoop 以一种可靠、高效、可伸缩的方式进行数据处理。

Hadoop 是可靠的，因为它假设计算元素和存储会失败，所以它维护多个工作数据副本，确保能够针对失败的节点重新分布处理；Hadoop 是高效的，因为它以并行的方式工作，通过并行处理加快处理速度；Hadoop 还是可伸缩的，能够处理 PB 级数据。

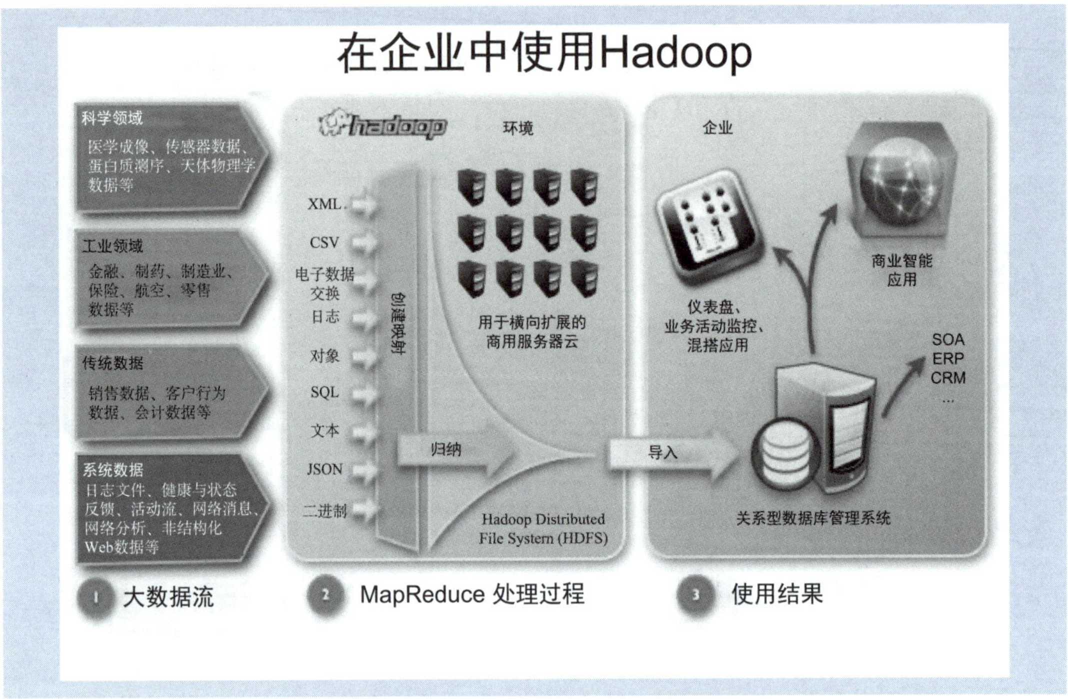

图 4－7　MapReduce 工作流程

Hadoop 的优点具体如下：

（1）高可靠性。Hadoop 按位存储和处理数据的能力值得人们信赖。

（2）高扩展性。Hadoop 是在可用的计算机集簇间分配数据并完成计算任务的，这些集簇可以方便地扩展到数以千计的节点中。

（3）高效性。Hadoop 能够在节点之间动态地移动数据，并保证各个节点的动态平衡，因此处理速度非常快。

（4）高容错性。Hadoop 能够自动保存数据的多个副本，并且能够自动将失败的任务重新分配。

（5）低成本。与一体机、商用数据仓库以及 QlikView、Yonghong Z-Suite 等数据集市相比，Hadoop 是开源的，项目的软件成本因此会大大降低。

Hadoop 及其无数组件的不足之处是，它们还不成熟，仍处于发展阶段。就像所有新的、原始的技术一样，实施和管理 Hadoop 集群，对大量非结构化数据进行高级分析，都需要大量的专业知识、技能和培训。但是，目前 Hadoop 开发者和数据科学家的缺乏，使得众多企业维持复杂的 Hadoop 集群并利用其优势变得很不现实。此外，由于 Hadoop 的众多组件都是通过技术社区得到改善的，并且新的组件不断被创建，因此 Hadoop 作为不成熟的开源技术，也存在失败的风险。同时，Hadoop 是一个面向批处理的框架，这意味着它不支持实时的数据处理和分析。

业界 IT 人士持续为 Apache Hadoop 项目贡献力量，推动新一代 Hadoop 技术迭代演进。在开发者与数据科学家的共同参与下，叠加 Cloudera、Hortonworks 等初创企业的技术探索，以及 IBM、微软等成熟企业的实践赋能，Hadoop 技术生态正加速完善，逐步走向体系化、易用化，愈发适配企业级分布式平台的构建与应用需求。其他初创企业正在努力完善 NoSQL 数据系统，结合 Hadoop 提供近实时的分析解决方案。总的来说，Hadoop 适合应用于大数据存储和大数据分析，适合于服务器从几千台到几万台的集群运行，支持 PB 级的存储容量。Hadoop 的典型应用有：搜索、日志处理、推荐系统、数据分析、视频图像分析、数据保存等。

二、NoSQL

一种称为 NoSQL（Not Only SQL）的新形式的数据库已经出现。像 Hadoop 一样，NoSQL 可以处理大量的多结构化数据。但是，如果说 Hadoop 擅长支持大规模、批量式的历史分析，那么在大多数情况下（虽然也有一些例外），NoSQL 数据库的目的是为最终用户和自动化的大数据应用程序提供大量存储在多结构化数据中的离散数据。这种能力是关系型数据库欠缺的，它根本无法在大数据规模维持基本的性能水平。

某些情况下，NoSQL 和 Hadoop 协同工作。例如，HBase 是流行的 NoSQL 数据库，它仿照谷歌的 BigTable，通常部署在 HDFS（Hadoop 分布式文件系统）之上，为 Hadoop 提供低延迟的快速查找功能。

目前可用的 NoSQL 数据库包括：HBase，Cassandra，MarkLogic，Aerospike，MongoDB，Accumulo，Riak，CouchDB，DynamoDB。

目前，大多数 NoSQL 数据库的缺点是，为了性能和可扩展性，它们遵从 ACID［原子性（Atomicity）、一致性（Consistency）、隔离性（Isolation）、持久性（Durability）］原则。许多 NoSQL 数据库还缺乏成熟的管理和监控工具。这些缺点在开源的 NoSQL 社区和少数厂商的努力下都在克服的过程中，这些厂商包括 DataStax、Sqrrl、10gen、Aerospike 和 Couchbase，它们正在尝试将各种 NoSQL 数据库商业化。

三、大规模并行分析数据库

不同于传统的数据仓库，大规模并行分析数据库能够以必需的最小的数据建模，快速获取大量的结构化数据，可以向外扩展以容纳 TB 级甚至 PB 级数据。

对最终用户而言，最重要的是，大规模并行分析数据库支持近乎实时的复杂 SQL 查询结果，也叫交互式查询功能，而这正是 Hadoop 明显缺失的能力。大规模并行分析数据库在某些情况下支持近实时的大数据应用。大规模并行分析数据库的基本特性包括：

（一）大规模并行处理的能力

就像其名字表明的一样，大规模并行分析数据库采用大规模并行处理方式，同时支持多台机器上的数据采集、处理和查询操作。相对于传统的数据仓库，大规模并行分析数据库具有更快的性能。传统数据仓库运行在单一机器上，会受到数据采集这个单一瓶颈点的限制。

（二）无共享架构

无共享架构可确保分析数据库环境中没有单点故障。在这种架构下，每个节点独立于其他节点，所以即使一台机器出现故障，其他机器也可以继续运行。对大规模并行处理环境而言，这一点尤其重要。数百台计算机并行处理数据，偶尔出现一台或多台机器失败是不可避免的。

（三）列存储结构

大多数大规模并行分析数据库采用列存储结构，而大多数关系型数据库以行结构存储和处理数据。在列存储环境中，由包含必要数据的列决定查询语句的“答案”，而不是由整行的数据决定，从而使得查询结果瞬间可以得出。这也意味着不需要像传统的关系型数据库那样构造成整齐的表格。

（四）强大的数据压缩功能

大规模并行分析数据库能够收集和存储大量的数据，而且与传统数据库相比占用更少的硬件资源。例如，具有 10∶1 的压缩功能的数据库，可以将 10 TB 字节的数据压缩到 1 TB。数据编码（包括数据压缩以及相关的技术）是有效地扩展到海量数据的关键。

（五）商用硬件

像 Hadoop 集群一样，大多数大规模并行分析数据库运行在戴尔、IBM 等厂商现成的商用硬件上，这使其能够以具有成本效益的方式向外扩展。

（六）在内存中进行数据处理

有些大规模并行分析数据库使用随机存储器（RAM）或闪存进行实时数据处理。有些完全在内存中运行数据，而其他则采用混合的方式，即用较便宜但低性能的磁盘内存处理“冷”数据，用 RAM 或闪存处理“热”数据。

然而，大规模并行分析数据库确实有一些盲点。最值得注意的是，它们并非被设计用来存储、处理和分析大量的半结构化和非结构化数据。

Hadoop、NoSQL 和大规模并行分析数据库不是相互排斥的。相反，这三种方法是互补的，彼此可以而且应该共存于许多企业。Hadoop 擅长处理和分析大量分布式的非结构化数据，以分批的方式进行历史分析。NoSQL 数据库擅长为基于 Web 的大数据应用程序提供近实时的多结构化数据存储和处理。而大规模并行分析数据库最擅长对大容量的主流结构化数据提供接近实时的分析。

例如，Hadoop 完成的历史分析可以移植到分析数据库供进一步分析，或者与传统的企业数据仓库的结构化数据进行集成。从大数据分析中得到的见解可以而且应该通过大数据应用实现产品化。企业的目标应该是实现一个灵活的大数据架构，在该架构中，三种技术可以尽可能无缝地共享数据。

很多预建的连接器可以帮助 Hadoop 开发者和管理员实现这种数据集成，同时也有很多厂商提供大数据应用。这些大数据应用将 Hadoop、分析数据库和预配置的硬件进行捆绑，可以达到以最小的调整实现快速部署的目的。另外，Hadapt 提供了一个单一平台，这个平台在相同的集群上同时提供 SQL 和 Hadoop/MapReduce 的处理功能。Cloudera 也在 Impala 和 Hortonworks 项目上通过开源倡议推行这一策略。

但是，为了充分利用大数据，企业必须采取进一步措施。也就是说，它们必须使用高级分析技术处理数据，并由此得出有意义的见解。数据科学家通过屈指可数的语言或方法（包括 SAS 和 R）执行这项复杂的工作。分析的结果可以通过 Tableau 这样的工具进行可视化处理，也可以通过大数据应用程序进行操作，这些大数据应用程序包括企业自己开发的应用程序和现成的应用程序。其他厂商（包括 Platfora 和 Datameer）正在开发商业智能型应用程序，这种应用程序允许非核心用户与大数据直接交互。

底层的大数据方法（如 Hadoop、NoSQL 和大规模并行分析数据库）不仅本身是互补的，而且与大部分大型企业现有的数据管理技术互补。我们并不建议企业首席信息官为了大数据方法而“淘汰并更换”企业现有的全部的数据仓库、数据集成和其他数据管理技术。相反，首席信息官必须像投资组合经理那样思考，重新权衡优先级，为企业走向创新和发展奠定基础，同时采取必要的措施减少风险因素。用大数据方法替换现有的数据管理技术，只有当它的商业意义和发展计划与现有的数据管理基础设施尽可能无缝地整合时才有意义，最终目标应该是转型为现代数据架构（如图 4-8 所示）。

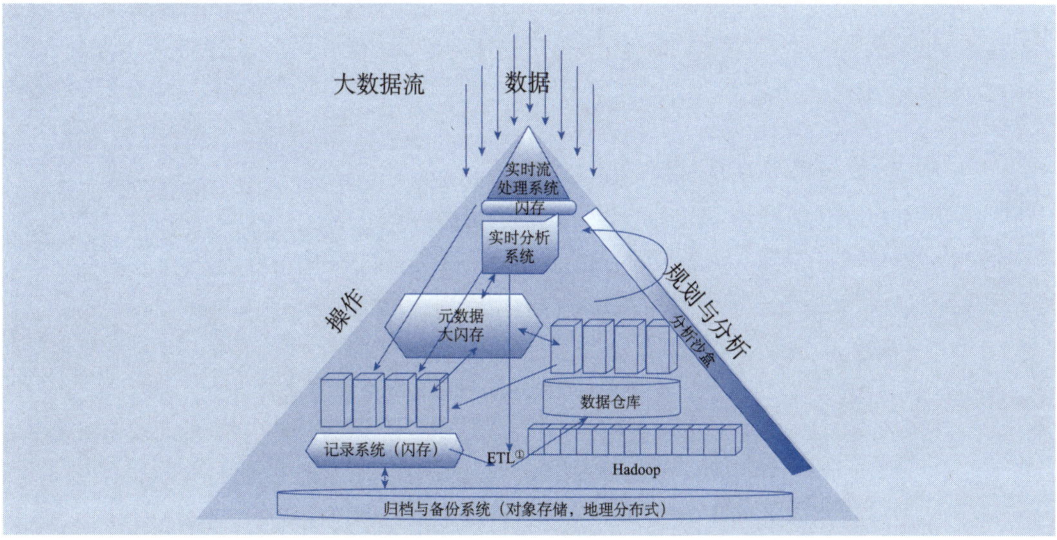

图 4-8　现代数据架构

① ETL：Extract，Transform and Load（抽取、转换和加载）。它是将数据从来源端经过抽取、转换、加载至目的端的过程，常用于数据仓库构建等场景。

经典案例

从“分马”问题讲数据处理

古时候，有个老人，在临死前决定将遗产这样分配：大儿子得二分之一，二儿子得三分之一，三儿子得九分之一。老人的遗产是 17 匹马，如果按照老人的遗嘱分，就得把马杀死。

正在三个儿子左右为难时，一个过路的智者下了马，看情况笑了笑，说他可以解决此事。他说要借给他们一匹马，这时候总数就变成了 18 匹，大儿子得二分之一共 9 匹，二儿子得三分之一共 6 匹，三儿子得九分之一共 2 匹，还剩下 1 匹马，智者又牵了回去。

这个故事告诉我们，对数据的处理需要采用合适的方法才能完成预期任务。

任务四
大数据实际应用案例

当前，各地各部门都将大数据事业作为“一把手工程”，开展“千企改造工程”，搭建服务平台，推进大数据与产业融合应用，利用新一代信息技术对传统产业进行全方位、全角度、全链条的改造，提高全要素生产率。接下来让我们看看大数据应用的实际案例。

一、大数据在彩票选号中的应用

很多彩民都密切关注怎样能够将统计学理论运用到彩票选号这一实际问题中。实践中，统计学理论的应用主要体现在以下两个方面：一是基于所获得的数据并配用合理的概率统计公式来得出各种彩票数字号码出现的概率值，根据计算得出的最大可能数值进行选号；二是统计以前出现过的所有中奖号码数据，然后进行计算整理，用统计数据预测的概率值来选择选号区间及可能的中奖号码。而这些都和大数据有关，因为各种数字组合是海量的。另外，以往开奖次数、中奖号码数据也是海量的。这些都要使用统计方法对大数据进行处理。

我们可以画出所有号码的曲线走势图，来显示每个号码出现的频率，这样在观察分析中就有了直观的效果。在对中奖数据的分析和观察中，运用大数法则进行统计预测，就可以提高中奖概率。建立在走势图分析基础上的彩票分析法具有较好的跟进性，通过列出统计数值预测的号码与开出的号码比较走势图，建立两者的相互关系，及时进行修订，这样就使锁定的目标越来越小，而精度越来越高。

二、大数据在产品质量管理中的应用

在质量管理中，如果需要观测的总体 N 很大，质检方式有破坏性或成本很高，那么全数检验的方法是不可取的。通常的做法是从总体中抽取一个或多个个体来进行观测。这种从所需要观测的总体中抽取部分个体，组成所研究对象的样本，通过观察样本来推断总体的方法就是概率统计的核心。

众所周知，过去的产品比较简单，而现在的产品越来越复杂，特别是随着社会的不断发展，社会分工越来越细，很多产品都是由多个零部件组装而成的，这些零部件又是由很多厂家生产的。当前大部分工厂产品的检验主要是针对成品，由于实际情况，检验工厂生产的成品大部分是随机抽样，相比市场抽样，合格率有所不足。而大数据的管理方式有了解决方案，检验部门借助合格品检验数据、不合格品检验数据，以及相适应的管理数据，了解定性指标和定量指标与成品质量的关系。例如，如果需要了解厂家生产的产品的质量合格率，就应该了解这批产品的质量指标变化规律，由此可对工厂成品的质量做出合理的预测与决断，从而提升检验工作的效率与准确率。

三、大数据在人口统计中的应用

人口统计是从大量的调查数据中研究人口现象的一种方法。这种方法通过统计方法和数据处理技术分析人口调查得到的大量数据，得出关于人口发展的各种现象和本质，预测人口数量的发展趋势，据此制定各种人口政策和经济发展政策，促进人口的可持续健康发展，最终达到人口与社会经济的协调发展。

大数据在人口数量预测和人口政策制定上的应用非常广泛。关于人口的数据来源有很多，从全国普查到各种抽样调查，从分年龄、分性别、分行业数据到迁移、婚育、教育等数据，从统计、公安、教育、社保等部门到其他相关机构的人口数据，这些都构成了人口的大数据。现有的模型有着极其严格的限制条件和假设，如生育率的正态分布、相同的人口政策等，而且现有的模型还忽略了社会、环境、经济等这些对人口有着重要影响的因素，如生育的积极性、孩子的养育成本等，加上当前国家最新的生育政策，之前的各种人口预测模型并没有对这些因素加以考虑或者难以量化。现有的家庭人口预测模型已经比较成熟，把各种家庭的结构数据在模型的基础上进行定量的政策效果分析，是该模型发展的关键。现在需要的是对这些人口的大数据进行整合、发掘和应用，将有关影响因素量化，而这离不开统计的方法。

利用大数据构建劳动力供需平衡预测模型。目前，国内外关于劳动力需求、劳动力供给及劳动力供需平衡预测模型考虑的因素都比较简单和单一，并有一些严苛的假设条件，大多仅考虑了经济因素以及在此基础上对劳动力供需总量的平衡进行比较分析，并没有考虑到复杂的社会因素。综合起来，现有的模型主要有以下不足：一是模型中只考虑了经济中的产业政策对劳动力供需的影响，没有考虑到产业结构的调整、科技进步催生的新兴产业以及生态环境对劳动力供需产生的影响；二是大多数模型都为静态模型且是单向影响的，即只考虑经济因素中的产业经济对劳动力供需的影响，而未考虑劳动力供需对就业、产业经济发展和产业结构调整的反馈影响。这些不足的原因就在于缺乏这些数据，所以需要通过对人口、金融、交通、电力、电信等各种大数据的整合和挖掘，找到有关衡量社会因素的指标，建立经济、社会、环境因素对劳动力需求及供给数量的预测模型，并通过系统的动力学方法，分析劳动力供需数量对经济、社会、教育等问题的反馈影响，通过反馈机制将这些影响引入劳动力供需预测模型中，对预测结果进行修正，最终建立区域经济平衡时的劳动力供需预测稳态模型。

四、大数据在投资风险报酬分析中的应用

现代社会的投资环境越来越复杂，投资方式逐渐多样化，投资对象也不断创新。然而投资即意味着风险，风险和收益总是相应而生的。投资者一般根据自己的风险偏好选择合适的投资产品。由于风险性投资能给投资者带来超乎想象的报酬，因此投资者还是喜欢进行风险性投资的，这种报酬就称为“风险报酬”。对风险报酬的分析在很大程度上也依赖于统计方法的应用。

风险可以分为市场风险、利率风险和流动性风险。这些风险都需要运用大数据，借助统计方法来进行分析。其中，对于市场风险，我们可以运用统计方法，对各种投资工具的价格波动进行研究。比如说某种产品的价格具有随季节波动的趋势，我们就可以研究这种产品往年价格随季节波动的特点，对今年的价格进行预测，从而调整今年的预期产量，找到利润最大化的一点。对于利率风险，我们可以通过统计分析方法，结合金融大数据，研究利率的历史走势和周期性特征，以识别其变化规律。同时，我们还可以进一步研究不同利率调整幅度对风险资产价格的敏感性及影响范围，从而评估利率变动对投资组合的潜在冲击。对于流动性风险，统计可以基于历史海量数据，研究历史上导致流动性风险出现的若干因素，以及这些因素所产生影响的程度。

除此之外，大数据还有以下几个方面的应用，包括：

（一）推荐引擎

在线零售商使用 Hadoop 根据用户的个人资料和行为数据，匹配并推荐产品和服务。领英（LinkedIn）使用此方法增强其“你可能认识的人”这一功能。而天猫、京东则利用该方法为网上消费者推荐相关产品。

（二）情感分析

消费者调研公司将 Hadoop 与先进的文本分析工具相结合，分析社会化媒体和社交网络发布的非结构化文本，以确定用户对特定公司、品牌或产品的偏好。分析既可以专注于宏观层面的情感，也可以细分到个人用户的情感。

（三）风险建模

财务公司、银行等使用 Hadoop 和数据仓库分析大量交易数据，以确定金融资产的风险，模拟市场行为，为潜在的“假设”方案做准备，并根据风险为潜在客户打分。

（四）欺诈检测

金融公司、零售商等使用大数据技术将客户行为与历史交易数据结合起来检测欺诈行为。例如，信用卡公司使用大数据技术识别可能的被盗卡的交易行为。

（五）营销活动分析

各行业的营销部门长期使用技术手段监测和确定营销活动的有效性。大数据让营销团队拥有更大量的越来越精细的数据，如点击流数据和呼叫详情记录数据，以提高分析的准确性。

（六）客户流失分析

企业使用 Hadoop 和大数据技术分析客户行为数据并确定分析模型。该模型能够指出哪些客户最有可能流向存在竞争关系的供应商或服务商那里，据此企业就能采取最有效的措施挽留欲流失的客户。

（七）社交图谱分析

企业将 Hadoop 和数据仓库相结合，通过挖掘社交网络数据，可以确定社交网络中哪些客户对其他客户能够产生最大的影响力。这有助于企业确定其“最重要”的客户——不总是那些购买最多产品或花最多钱的客户，而是那些最能够影响他人购买行为的客户。

（八）用户体验分析

面向消费者的企业使用 Hadoop 和其他大数据技术将之前单一用户互动渠道（如呼叫中心、网上聊天、微博等）的数据整合在一起，以获得对用户体验的完整视图。这使得企业能够了解用户交互渠道之间的相互影响，从而优化整个用户生命周期的用户体验。

（九）网络监控

Hadoop 和其他大数据技术被用来获取、分析和显示来自服务器、存储设备和其他 IT 硬件的数据，使管理员能够监视网络活动，诊断瓶颈等问题。这类分析也可应用到交通网络，以提高燃料效率，当然也可以应用到其他网络。

当然，上述这些都只是大数据应用的举例。事实上，在所有企业中，大数据最引人注目的应用可能尚未被发现，这就是大数据的希望所在。

知识拓展

大数据处理和分析工具

大数据处理和分析工具涵盖了从数据收集、处理到可视化的各个环节，以下是一些常用的工具和软件：

（1）Excel：微软办公套装软件中的一个重要组成部分，可以进行各种数据的处理、统计分析和辅助决策操作，广泛地应用于管理、统计财经、金融等众多领域。

（2）SAS：提供从基本统计数的计算到各种试验设计的方差分析、相关回归分析以及多变数分析的多种统计分析过程。

（3）R：一个开源的分析软件，是分析能力不亚于 SPSS 和 Matlab 等商业软件的轻量级分析工具。

（4）SPSS：统计产品与服务解决方案软件，除了基本的统计分析功能之外，还提供非线性回归、聚类分析、主成分分析和基本的时序分析。

（5）Tableau：一款由 Tableau 软件公司开发的数据可视化工具，以其强大的数据探索能力和用户友好的界面而闻名，能够从各种数据源中提取数据，并通过简单的拖放操作生成精美的图表和仪表板。

（6）Power BI：微软推出的商业智能（BI）工具，旨在帮助企业快速构建和分享数据洞察，可以与多种数据源进行连接和整合，并提供丰富的数据可视化选项和交互式报表功能。

（7）FineBI：国内领先的自助大数据分析 BI 工具之一，提供数据处理、即时分析、多维度分析以及可视化等服务，支持多种数据源连接和整合能力，可以快速构建数据仓库和数据分析模型。

（8）Oracle BI：Oracle 公司推出的一套商业智能解决方案，集成了查询、报告、分析、警报、移动分析、数据集成和管理等功能，为企业提供全面的企业绩效管理系统。

（9）Hadoop：一个分布式系统基础架构，用于存储和处理大规模数据集。

（10）Smartbi：广州思迈特软件有限公司旗下的品牌，提供商业智能解决方案。

这些工具和软件各有特色，我们可以根据具体需求选择合适的工具进行大数据处理和分析。

项目小结

大数据已成为企业获取竞争优势的重要工具。它具有重要而独特的性质，这些性质使其与传统数据在存储、处理和管理方式上存在显著差异。与以往任何时候相比，现在的数据都是高度分散的、结构松散的（如果存在结构的话）并且体积越来越大。为了处理大数据分析需求的多样性，我们需要一步步地使用采集、处理、分析和重用数据等方法。这就需要特定的大数据分析生命周期，也称为数据分析流程。本项目在讲述了数据分析流程后介绍了目前较流行的三种会改变业务分析和数据管理市场的大数据分析技术，并对大数据的实际应用案例进行了讲解。

实训练习

应知考核

一、单项选择题

1.（　　）用于从企业应用程序和事务型数据库中抽取、转换和加载数据到一个临时区域，在这个临时区域进行数据质量检查和数据标准化，数据最终被模式化到整齐的行和表中。

A. 数据集成工具　　B. 数据可视化　　C. 数据库　　D. 企业级数据仓库

2.（　　）就是用科学的方法，有目的、系统地搜集、记录、整理和分析市场情况，了解市场的现状以及发展趋势，为企业的决策者进行市场预测、做出经营决策、制订计划提供客观、正确的依据。

A. 数据库　　B. 公开出版物

C. 统计工具的数据　　D. 市场调查

3.（　　）是将数据分析结果通过直观的方式（表格、图形等）呈现出来。

A. 数据清洗　　B. 数据可视化　　C. 数据处理　　D. 数据计算

4. 下单时间、订单数量、商品品类、订单金额、订购频次等，属于（　　）。

A. 网站用户数据　　B. 订单数据　　C. 反馈数据　　D. 私有数据

5. 客户评价、退货换货、客户投诉等，属于（　　）。

A. 网站用户数据　　B. 订单数据　　C. 反馈数据　　D. 私有数据

6. 注册时间、用户性别、所属地域、来访次数、停留时间等，属于（　　）。

A. 网站用户数据　B. 订单数据　C. 反馈数据　D. 私有数据

7.（　　）是一个存储、处理和分析海量的分布式、非结构化数据的开源框架。

A. MapReduce　B. IBM　C. Nutch　D. Hadoop

8.（　　）擅长处理和分析大量分布式的非结构化数据，以分批的方式进行历史分析。

A. Hadoop　B. NoSQL　C. Web　D. Nutch

9.（　　）擅长为基于 Web 的大数据应用程序提供近实时的多结构化数据存储和处理。

A. Hadoop　B. Web　C. NoSQL　D. Nutch

二、多项选择题

1.（　　）和其他技术的出现导致数据性质的根本性变化。

A. Web　B. 移动设备　C. 数据库　D. ERP

2. 大数据具有重要而独特的性质，包括（　　）。

A. 体积　B. 类型　C. 速度　D. 移动设备

3. 在收集数据时，数据来源包括两种方式，这两种方式是（　　）。

A. 直接数据　B. 移动端数据　C. 间接数据　D. 客户端数据

4. 在实际工作中，获取数据的方式有很多种，包括（　　）。

A. 数据库　B. 公开出版物

C. 统计工具　D. 市场调查

5. 市场调查的常用方法有（　　）。

A. 观察法　B. 实验法　C. 访问法　D. 问卷法

6. 数据的有效存储是大数据技术的基础，数据存储技术的发展主要经历了以下几个阶段：（　　）。

A. 直接数据　B. 非关系型数据库和分布式文件系统

C. 数据仓库　D. 关系型数据库

7. 一个完整的数据仓库主要由（　　）构成。

A. 数据源　B. 数据仓库和数据集市

C. OLAP 服务器　D. 前台分析工具

8. 数据仓库中的数据源包括（　　）等。

A. OLAP 服务器　B. 联机事务处理系统

C. 外部数据源　D. 历史业务数据集

9. 前台分析工具主要包括（　　），以及各种基于数据仓库和数据集市的应用开发工具等。

A. 报表工具　B. 查询工具　C. 数据分析工具　D. 数据挖掘工具

10. 在数据分析中，数据处理是必不可少的一个环节，主要包括（　　）等数据处理方法。

A. 数据清理　B. 数据转换

C. 数据提取　D. 数据汇总与数据计算

三、判断题

1. 非关系型数据库和分布式文件系统使得数据的存储可以扩展到数以千计的节点上，具有更高的可用性和可扩展性。(　　)

2. 在数据分析师获取的大量数据中，所有数据都具有价值。(　　)

3. 不同于传统的数据仓库，大规模并行分析数据库能够以必需的最小的数据建模，快速获取大量的结构化数据，可以向外扩展以容纳 TB 级甚至 PB 级数据。(　　)

4. 只有结构化数据才是有用的数据。(　　)

5. 用大数据方法替换现有的数据管理技术，只有当它的商业意义和发展计划与现有的数据管理基础设施尽可能无缝地整合时才有意义。(　　)

6. Hadoop、NoSQL 和大规模并行分析数据库是相互排斥的。(　　)

应会考核

1. 阐述大数据与传统数据的区别。
2. 阐述 Hadoop 是如何工作的。
3. 阐述 Hadoop 的优点和缺点。

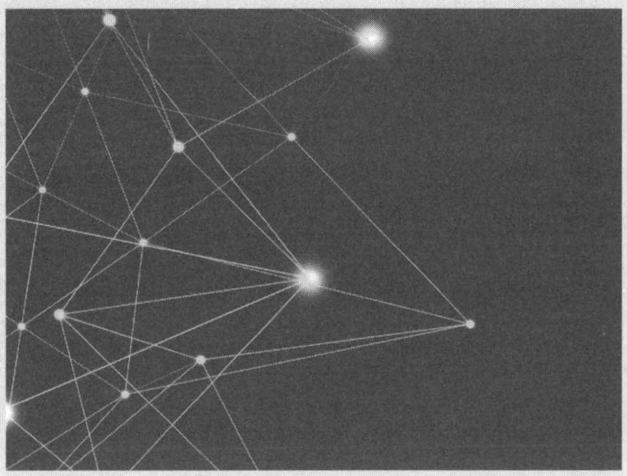

项目五

数据可视化概论

知识目标

- 理解数据可视化的概念、作用和分类
- 了解数据可视化的发展趋势
- 了解数据可视化的一般步骤
- 了解主流数据可视化工具

能力目标

- 培养数据可视化思维能力
- 掌握数据可视化的步骤
- 利用数据可视化工具进行数据呈现
- 培养数据分析能力

素质目标

- 能利用商业智能工具作出简单的可视化图表

任务一
数据可视化及其应用

若大数据是一种无形的土壤，那么可视化就是浇水、施肥，让其开出美丽之花的工具。若大数据是一种新型的石油，那么可视化就是开发这种石油不可或缺的设备。若大数据是烹饪的食材，那么可视化就是将这些食材做成美味佳肴的厨艺。可视化并不仅仅是一种工具，它更像是一种媒介，能最大化地帮助我们挖掘数字背后的信息，让数据“开口”讲故事。

可视化作为数据传播的重要媒介，通过结构化的图形语言，将原始数据中蕴含的趋势、模式及离群值转化为可感知的视觉符号，构建起数据与认知之间的桥梁。优质的可视化设计不仅要求呈现数据本身，更要求契合人类认知规律，以直观的方式建立数据与目标认知的关联。其表现形式既可以是基础的条形图，也能通过多维变量整合形成复杂的视觉系统，具体取决于数据的复杂度与分析目标。

数据集作为动态现实的量化快照，通过数据点的聚合与平均数、中位数等统计汇总，构建起对客观现象的量化认知框架。而“数据集的人性化解读”，则是通过情境化关联与语义转化，将抽象数据映射为可感知的现实意义，增强数据的可信度。这一转化过程依赖于对原始数据完整性、准确性的深入理解，数据基础越扎实，可视化表达的说服力就越强。

优质的可视化设计是融合统计学与设计学的系统性工程。缺乏统计学支撑，可视化易沦为形式化的美术创作；脱离设计学思维，数据分析则难以实现认知传递的有效性。统计学知识确保数据处理的科学性，设计学方法赋予数据视觉叙事的表现力。只有同时具备这两种能力，才能在数据深度分析与叙事化表达之间自如转换，实现“数据洞见—视觉呈现—认知建构”的完整闭环。

一、什么是数据可视化

在计算机视觉领域，数据可视化是对数据的一种形象、直观的解释，实现从不同维度观察数据，从而得到更有价值的信息。数据可视化将抽象的、复杂的、不易理解的数据转化为人眼可识别的图形、图像、符号、颜色、纹理等，这些转化后的数据通常具备较高的识别率，能够有效地传达出数据本身所包含的有用信息。数据可视化的目的，是对数据进行可视化处理，以便更明确、有效地传递信息。数据可视化从数据中寻找以下三个方面的信息：

（1）模式：数据中的规律。

（2）关系：数据之间的相关性。

（3）异常：存在问题的数据。异常的数据不一定都是错误的数据，有些异常数据可能是设备出错或者人为错误输入导致的，有些可能就是正确数据。

二、数据可视化的作用及优点

（一）数据可视化的作用

数据可视化的本质就是视觉对话。数据可视化将技术与艺术完美结合，借助图形化的手段，清晰、有效地传达与沟通信息。

数据可视化的意义是帮助人们更好地分析数据，信息的质量很大程度上依赖于其表达方式。数字可视化就是对数字罗列所组成的数据包含的意义进行分析，使分析结果可视化。

数据可视化的主要作用在于通过图形和色彩将关键数据和特征直观地传达出来，从而实现对相对稀疏而又复杂的数据集的深入洞察。而单纯说“数据呈现”并不确切，因为数据可视化并非无差异地涵盖所有数据，可视化的过程本身就已经加入了制作人对问题的思考、理解，甚至是一些假设，而数据可视化则是通过一目了然的方式，帮助制作人获得客观数据层面的引导或验证。

（二）数据可视化的优点

数据可视化有以下优点：

1. 动作更快

人脑对视觉信息的处理要比书面信息容易得多。生活中我们就能发现，有时候文字表达记不住，换成图形表达就会记得很牢。所以说，数据可视化是一种非常清晰的沟通方式，使业务领导者能够更快地理解和处理那些复杂的数据。

大数据可视化工具可以提供实时信息，使利益相关者更容易对整个企业进行评估。对市场变化更快的调整和对新机会的快速识别是每个行业的竞争优势。

2. 以设定方式提供结果

规范化的文档经常被静态表格和各种图表类型夸大，因为它制作得过于详细了，而领导恰恰不需要知道这些太过详细的内容。

而使用大数据可视化的工具就可以让我们能够用一些简短的图形体现那些复杂信息，甚至单个图形也能做到。决策者可以通过可视化工具，轻松地解释各种不同的数据源并进行各种决策。

3. 能够理解运营和结果之间的连接

数据可视化允许用户去跟踪运营和整体业务之间的连接。在竞争环境中，找到业务功能和市场之间的相关性是至关重要的。

经典案例

各场景业务数据化图表展示

数据可视化可以将抽象的数据转化为直观、易于理解的图形，更加清晰地呈现数据背后的关联。在各行各业，数据可视化都正在被用于提升业务效率和优化决策流程。

1. 零售行业

零售企业运营数据可视化示例如图 5－1 所示。

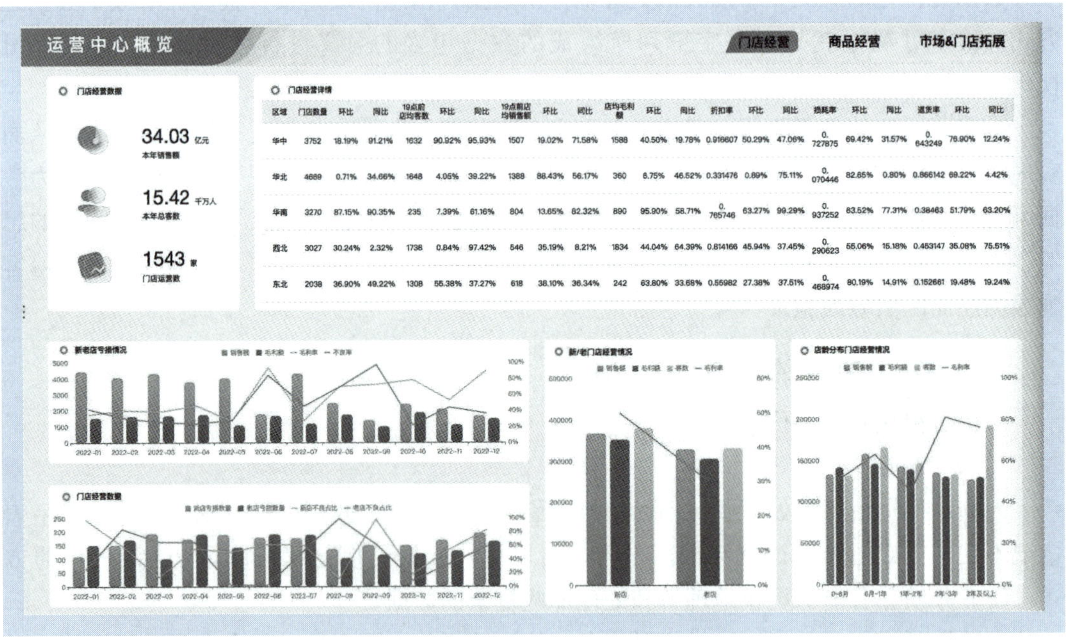

图 5－1　零售企业运营数据可视化示例

2. 医疗行业

医疗行业数据可视化示例如图 5－2 所示。

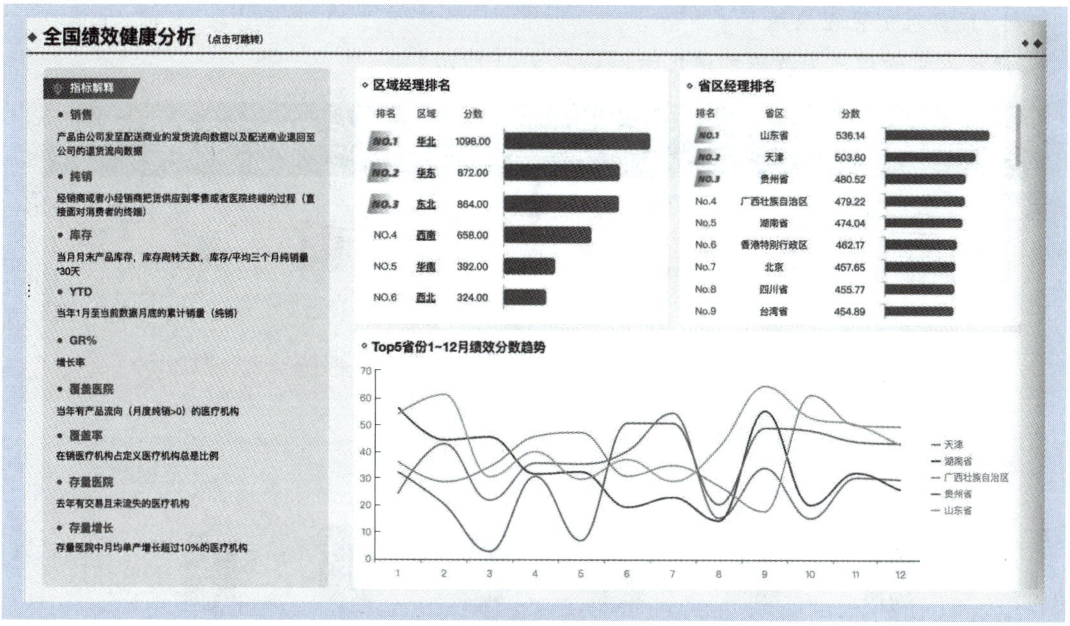

图 5－2　医疗行业数据可视化示例

3. 人事应用

人事应用数据可视化示例如图 5－3 所示。

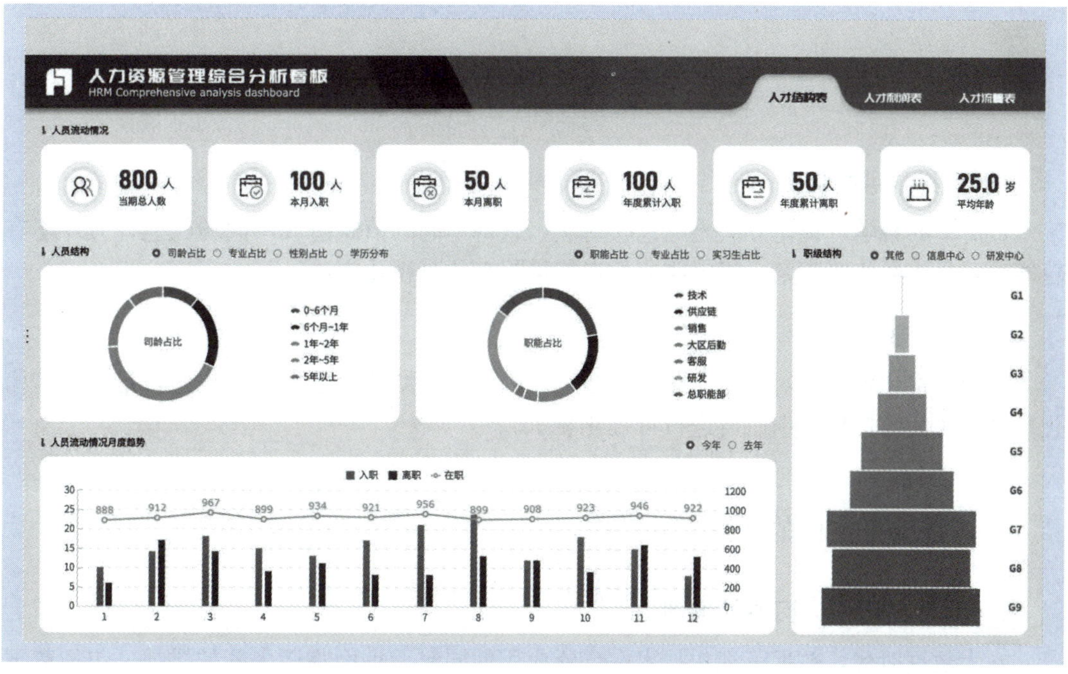

图 5－3　人事应用数据可视化示例

4. 服务人员管理应用

服务人员管理应用数据可视化示例如图 5－4 所示。

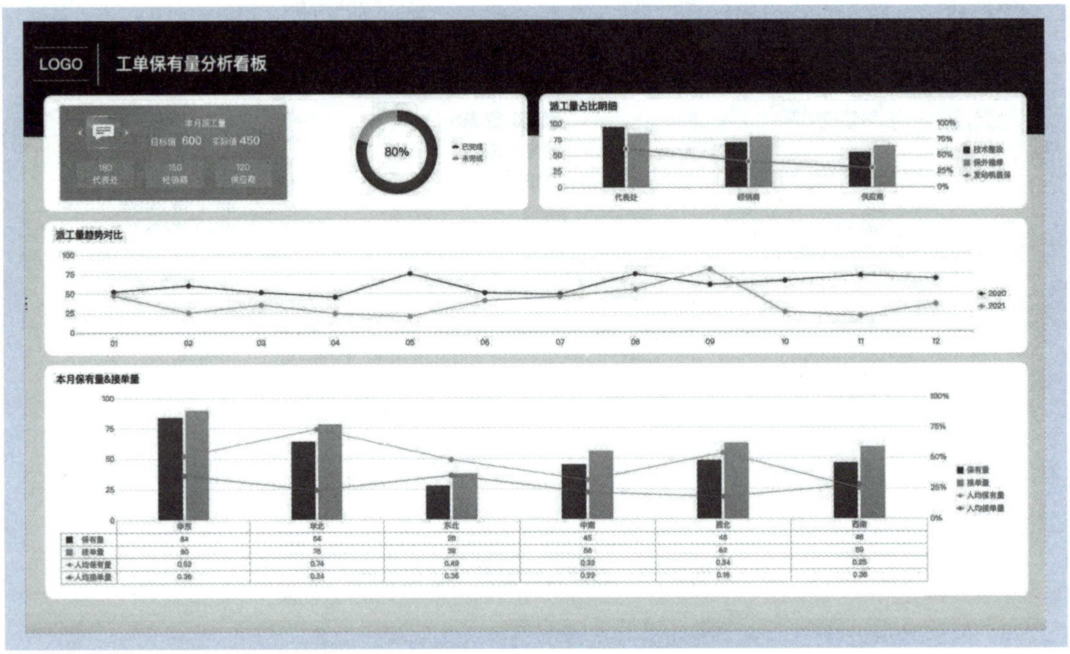

图 5－4　服务人员管理应用数据可视化示例

三、数据可视化的分类

（一）科学可视化

最简单的科学可视化方法是颜色映射法，它将不同的值映射成不同的颜色；另外还有轮廓法，是将数值等于某一指定阈值的点连接起来的可视化方法。

（二）信息可视化

信息可视化处理的对象是非结构化数据。因此，非结构化数据可视化通常是将非结构化数据转化为结构化数据后再进行可视化显示。

四、数据可视化的未来

（一）数据可视化面临的挑战

在大数据时代，数据可视化技术在广泛应用的同时，也面临诸多新的挑战，包括数据规模、数据融合、图表绘制效率、图表表达能力、系统可扩展性、快速构建能力、数据分析与数据交互等，具体体现在以下几个方面：

（1）数据规模大；

（2）在数据获取与分析处理过程中，易产生数据质量问题，需要特别关注数据的不确定性；

（3）数据快速动态变化，常以流式数据形式存在；

（4）面临复杂的高维数据，当前的软件系统以统计和基本分析为主，分析能力不足；

（5）多来源数据的类型和结构各异，已有方法难以满足非结构化、异构数据方面的处理需要。

（二）数据可视化的发展方向

（1）与数据挖掘技术紧密结合。数据可视化可以帮助人们洞察出数据背后隐藏的潜在规律，进而提高数据挖掘的效率。

（2）与人机交互技术紧密结合。用户与数据交互，可方便用户控制数据，更好地实现人机交互是人类一直追求的目标。

（3）可视化技术广泛应用于大规模、高纬度、非结构化数据的处理和分析。目前，我们处在大数据时代，大规模、高维度、非结构化数据层出不穷，若将这些数据以可视化形式完美地展示出来，对人们挖掘数据中潜藏的价值大有裨益。

知识拓展

数据分析必备神器

在大数据时代，常用于数据分析的必备神器有：

1. Tableau

Tableau 帮助人们快速分析、可视化并分享信息。它的程序很容易上手，各公司可以用它将大量数据拖放到数字“画布”上，转眼间就能创建好各种图表。许多用户使用 Tableau Public 在网站中分享数据。

2. FineBI

FineBI 通过完善的数据管理策略、自助式的数据准备、强大的 Spider 引擎和零代码的简便操作帮助用户快速解决数据问题。同时，FineBI 是国内商业智能龙头企业帆软软件有限公司的产品，拥有非常好的本土化用户生态、学习资源——帆软社区。

3. Echarts

Echarts 可以运用于散点图、折线图、柱状图等这些常用的图表的制作。Echarts 的优点在于，文件体积较小，打包方式灵活，用户可以自由选择需要的图表和组件，而且图表在移动端有良好的自适应效果，还有专为移动端打造的交互体验。

4. Highcharts

Highcharts 的图表类型是很丰富的，线图、柱形图、饼图、散点图、仪表图、雷达图、热力图、混合图等类型的图表都可以制作，也可以制作实时更新的曲线图。

另外，Highcharts 是对非商用免费的，对于个人网站、学校网站和非营利机构，其可以不经过授权直接使用 Highcharts 系列软件。Highcharts 还有一个好处在于，它完全基于 HTML5① 技术，不需要安装任何插件，也不需要配置 PHP、Java 等运行环境，只需要两个 JS 文件即可使用。

5. 魔镜

魔镜是我国较流行的大数据可视化分析平台之一，帮助企业处理海量数据，挖掘数据价值，让人人都能进行数据分析。魔镜基础企业版适用于中小企业内部使用，基础功能免费，可代替报表工具和传统 BI，使用更简单化，可视化效果更绚丽易读。

五、数据可视化的应用领域

数据被称作最新的商业原材料——“21 世纪的石油”，而数据可视化目前在工业 4.0、智能交通、新一代人工智能及其他领域亦得到广泛的应用。图 5－5 为数据可视化应用。

商业领域、研究领域、技术发展领域使用的数据总量巨大，并持续增长。就出版商爱思唯尔（Elsevier）而言，每年从 ScienceDirect 数据库中下载的文章有 7 亿篇，Scopus 数据库中的机构档案有 8 万个、研究人员档案有 1 300 万个，Mendeley 平台上的研究人员档案有 300 万个。对于用户来说，从这个数据海洋中抓到关键信息越来越难。这也是数据可视化的用武之地：用简单易懂的可视化方式总结并呈现大型数据集，为读者提供有价值的信息。许多先进的可视化方式（如网络图、3D 建模、堆叠地图）被用于特定用途，如 3D 医疗影像、模拟城市交通、救灾监控等。但无论一个可视化项目有多复杂，可视化的目的都是帮助读者识别所分析的数据中的一种模式或趋势，而不是仅仅给他们提供冗长的描述，诸如：“2020 年 A 的利润比 B 高出 2.9%，尽管 2021 年 A 的利润增长了 25%，但比 B 低 3.5%。”出色的可视化项目应该总结信息，并把信息组织起来，让读者的注意力集中于关键点。

① HTML5 是 HyperText Markup Language 5 的缩写，中文名为“超文本标记语言 5.0”。它是互联网的核心技术之一，用于构建和呈现网页内容。

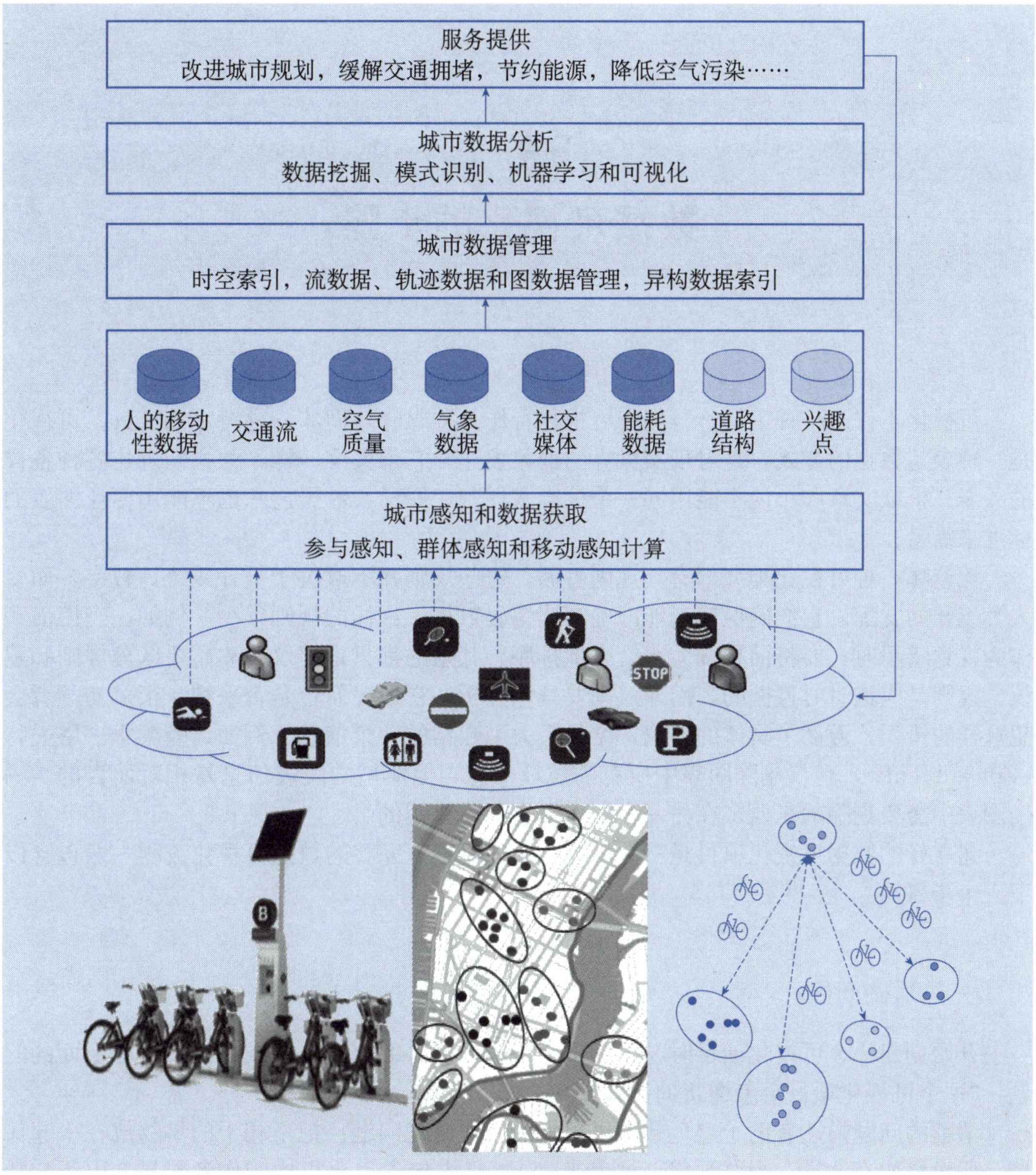
服务提供
改进城市规划，缓解交通拥堵，节约能源，降低空气污染……
城市数据分析
数据挖掘、模式识别、机器学习和可视化
城市数据管理
时空索引，流数据、轨迹数据和图数据管理，异构数据索引
人的移动性数据
交通流
空气质量
气象数据
社交媒体
能耗数据
道路结构
兴趣点
城市感知和数据获取
参与感知、群体感知和移动感知计算
STOP
P
B

图 5-5　数据可视化应用

任务二
数据可视化的步骤

可视化不仅是一种工具，我们将可视化看作一种媒介，而非一种特定的工具。可视化是一种表达数据的方式，是对现实世界的抽象表达。它像文字一样，为我们讲述各种各样的故事。报纸文章和小说不能用同一个标准来评判，同样，数据艺术也不能用商业图表的标准来衡量。

无论哪一种可视化类型都有其规则可循。这些规则并不取决于设计或统计数字，而受人类感知的支配。它们确保读者能准确解读编码数据。这样的规则很少，例如，当用面积作为视觉暗示时，要将面积按大小恰当地排序，其余的都只是建议，故需要区分规则和建议。规则是应该时时遵循的，而建议则要具体分析，视情况而定是否采纳。很多初学者会犯这样的错误，遵循了具体的建议，结果丢失了数据的背景信息。例如，爱德华·塔夫特（Edward Tufte）建议剔除图表中所有的垃圾信息，但所谓的垃圾信息是相对而言的。一个图表中需要剔除的东西，在另一个图表中也许是有用的。

建立好的数据可视化项目是一个反复迭代的过程。完整的数据可视化流程一般包含以下五个步骤。

一、明确问题

开始创建一个可视化项目时，第一步是明确要回答的问题，又或者试着回答下面的问题："这个可视化项目会怎样帮助读者？"

清晰的问题描述有助于避免数据可视化的一个常见问题：把不相干的事物放在一起比较。假设我们有这样一个数据集（见表 5-1），其中包含一个机构的作者数量、出版物数量、总引用量和它们在特定一年的增长率。图 5-6 是一个糟糕的可视化案例，所有的变量都被包含在一张表格中。在同一张图中绘制出不同类型的多个变量，通常不太明智。注意力分散的读者会被诱导着去比较不相干的变量。例如，观察出所有机构的作者数量都少于出版物数量，这没有任何意义。拥挤的图表难以阅读、难以处理。在有多个 Y 轴时就是如此，哪个变量对应哪个轴通常不清晰。简而言之，糟糕的可视化项目并不能澄清事实，而是令人困惑。

表 5-1　数据可视化表 1

机构名称	作者数量	出版物数量	总引用量	作者数量增长率	出版物数量增长率	总引用量增长率
大学 A	1 000	3 000	3 100	2.8%	−1.2%	7.2%
大学 B	1 200	7 890	9 000	2.5%	10.1%	3.3%
大学 C	500	800	670	1.2%	12.4%	5.5%

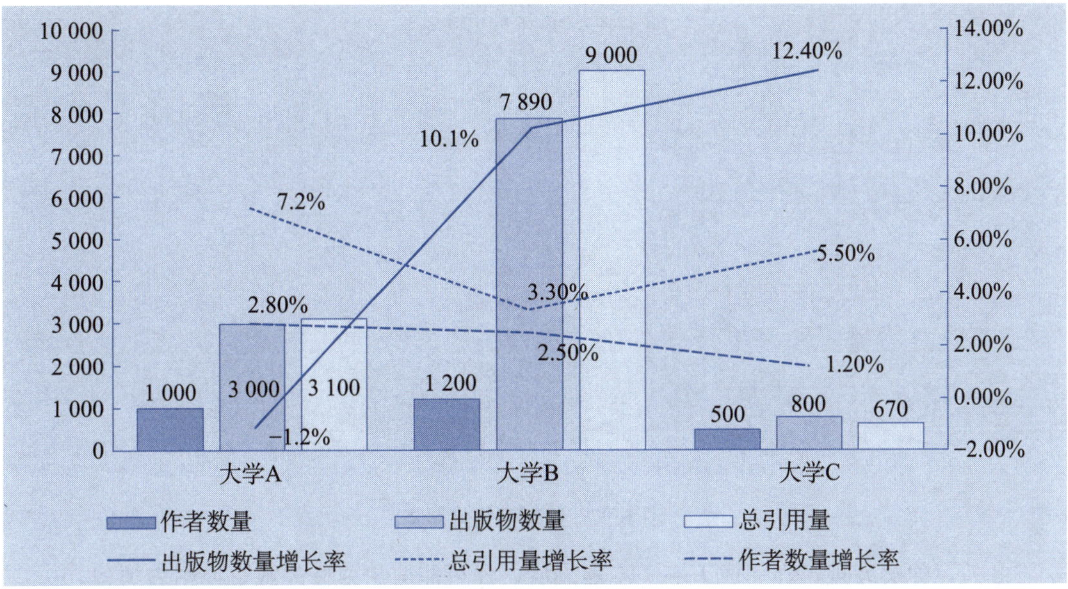

图 5-6　数据可视化图 1

二、了解你的数据，从基本的可视化着手

确定可视化项目的目标后，下一步是建立一个基本的图形。它可能是饼图、线形图、流程图、散点图、气泡图、地图、网络图等，这取决于手头的数据是什么样的。在明确图表传达的核心信息后，需要明确以下几点：

（1）我们试图绘制什么变量？

（2）*X* 轴和 *Y* 轴代表什么？

（3）数据点的大小有什么含义吗？

（4）颜色有什么含义吗？

（5）我们试图确定与时间有关的趋势，还是变量之间的关系？

有些人使用不同类型的图表实现相同的目标，但我们并不推荐这样做。不同类型的数据各自有其最适合的图表类型。例如，线形图最适合表现与时间有关的趋势，抑或两个变量的潜在关系。当数据集中的数据点过多时，使用散点图进行可视化呈现会比较容易。此外，直方图展示数据的分布。直方图的形状可能会根据不同的组距而改变，如图 5－7 所示。（在绘制直方图时，本质是绘制柱状图来展示特定范围内有多少个数据点，这个范围叫作组距。）组距太窄会导致起伏过多，让读者只盯着树木却看不到整个森林。

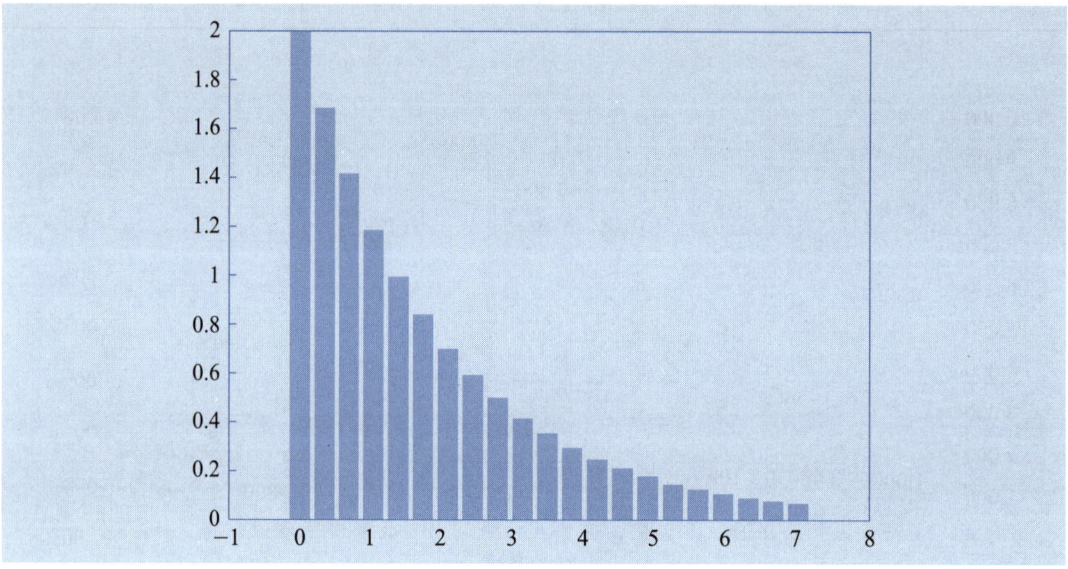

图 5－7　数据可视化图 2

此外，你会发现，在完成下一个步骤以后，你可能会想要修改或更换图表类型。

三、明确要传达的信息，确定最能提供信息的指标

假设我们有另一个关于某研究机构出版物数量的数据库（见表 5－2）。可视化过程中最关键的步骤是充分了解数据库以及每个变量的含义。从表 5－2 中可以看出，在 A 领域（Subject A），此机构发表了 633 篇文章，占此机构全部文章的 38%；相同时间内全球此领域共发表了27 738 篇文章，占全球总量的 43%。注意，B 列、D 列中的百分比累计超过 100%，因为有些文章被标记为属于多个领域。

在这个例子中，我们想了解此机构在各个领域发表了多少篇文章，出版物数量是一个有用的指标。不仅如此，各个指标之间相互对照会呈现出更多的信息。由此，我们可以确定一个新的指标——相对活跃度指数，1.0 代表全球平均活跃程度，高于 1.0 代表高于全球平均水平，低于 1.0 代表低于全球平均水平。用 B 列的数据除以 D 列的数据，得到这个新的指标。

表 5－2　数据可视化表 2

领域	(A)	(B)	(C)	(D)	(E)
	出版物数量	出版物占比	全球出版物数量	全球占比	相对活跃度指数
A 领域	633	38%	27 738	43%	0.88
B 领域	579	37%	15 718	26%	1.42
C 领域	247	15%	10 759	17%	0.88
D 领域	227	14%	12 012	19%	0.74
E 领域	149	11%	7 907	15%	0.73
F 领域	76	5%	3 563	6%	0.83
G 领域	67	4%	1 439	2.2%	1.8
H 领域	39	2.54%	1 191	2%	1.27
I 领域	38	2%	1 672	2.27%	0.88
J 领域	33	1.9%	1 051	1.56%	1.22

四、选择正确的图表类型

我们可以用雷达图来比较相对活跃度指数，并着重观察活跃指数最高/最低的研究领域。例如，此机构在 G 领域的相对活跃度指数最高（1.8），如图 5－8 所示。但是，此领域的全球总量远远小于其他部分领域。雷达图的另一个局限是，它暗示各领域之间存在关系，而在本例中这种关系并不存在（各领域并不相互关联）。

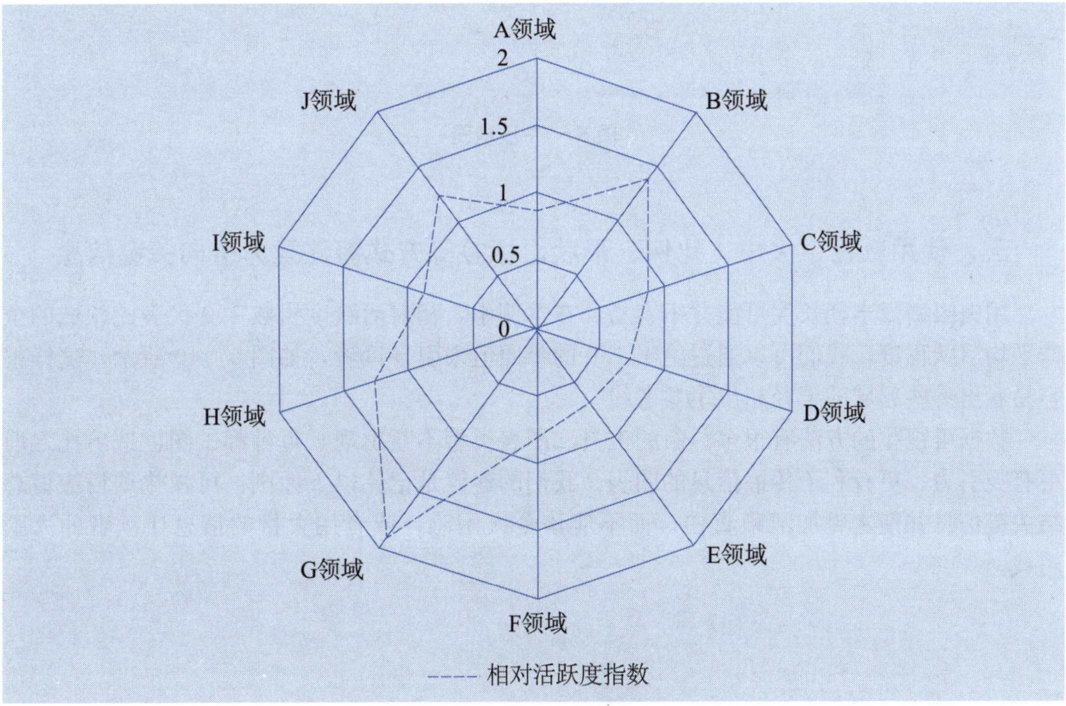

图 5－8　相对活跃度指数雷达图

数据的规范化（如本例中的相对活跃度指数）是一个很常见也很有效的数据转换方法，但需要基于帮助读者得出正确结论的目的使用。如在此例中，仅仅发现目标机构对某个小领域非常重视没太大意义。

我们可以把出版物数量和活跃程度在同一个图表中展示，以理解各领域的活跃程度。使用图 5－9 的玫瑰图，各块的面积表示出版物数量，半径长短表示相对活跃度指数。

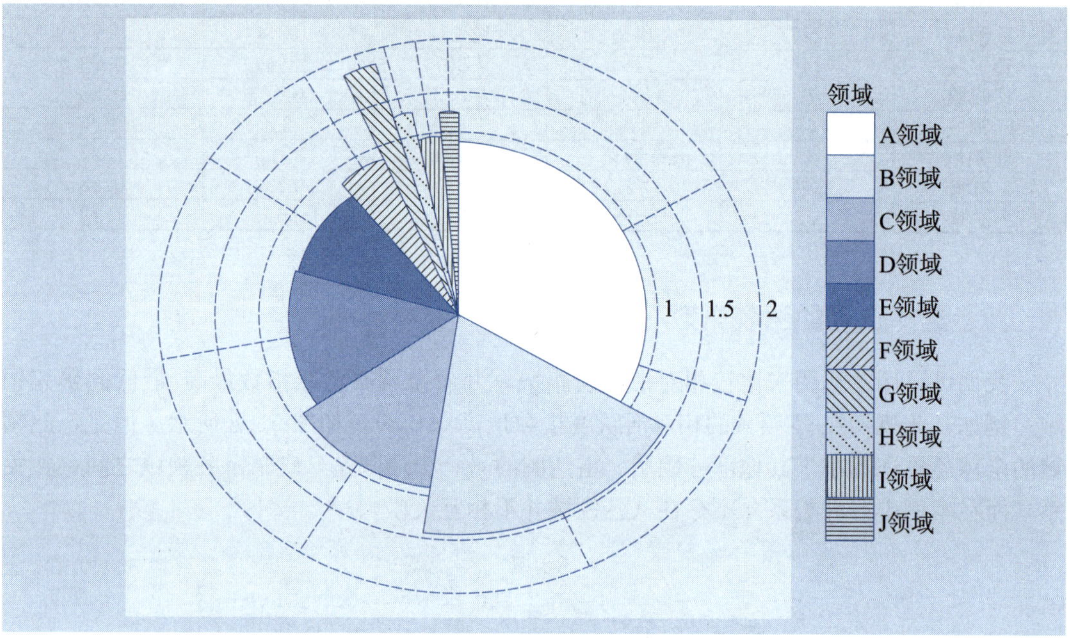

图 5－9　玫瑰图

五、使用颜色、大小、比例、形状、标签等方式将注意力引向关键信息

用肉眼衡量半径长度可能并不容易。在本例中，相对活跃度指数 1.0 代表此领域的全球平均活跃程度，我们可以通过给出 1.0 的参照值来引导读者，如图 5－10 所示。这样很容易看出哪些领域的半径超出了参考线。

数据可视化的方法有很多。新的工具和图表类型不断出现，每种都试图创造出比之前更有吸引力、更有利于传播信息的图表。我们的建议是记住以下原则：可视化项目应该总结关键信息并使之更加清晰直白，而不应该令人困惑，或者用大量的信息让读者的大脑超载。

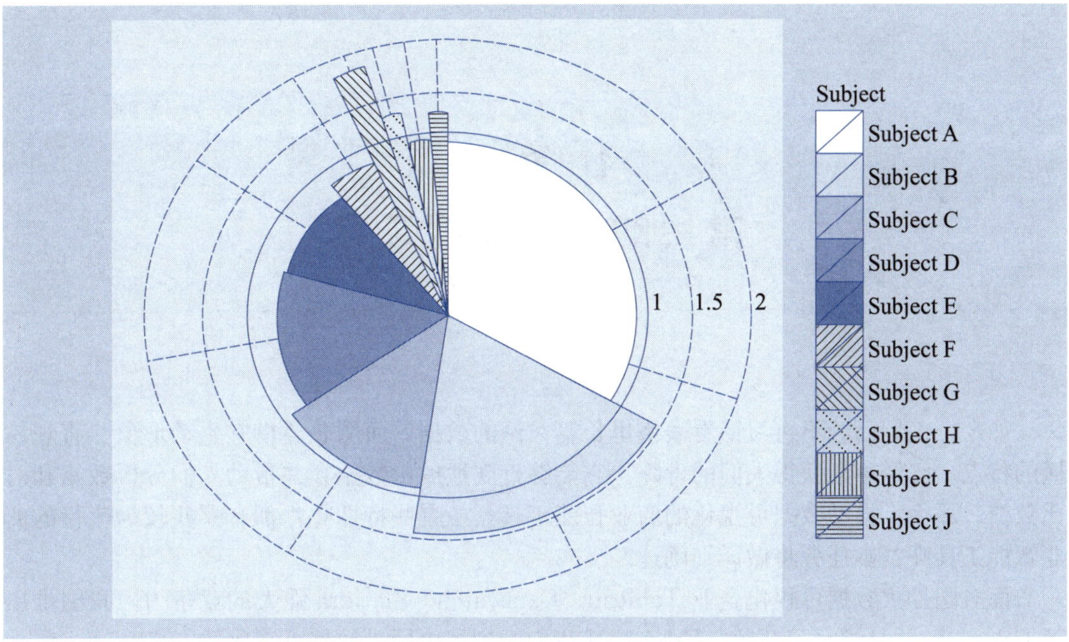

图 5-10　带有相对活跃度指数参考线的玫瑰图

任务三
常用的商业智能工具

如今，人们已经不再习惯看表格里长篇大论的数据，而图表凭借它生动形象、直观易懂的特点，已经逐渐获得人们的青睐。它能够直观地展示数据，并帮助人们分析数据和对比数据。那么，推动数据可视化的商业智能工具具备哪些特性呢？都有哪些较为流行的商业智能工具呢？本任务将做详细阐述。

面对国外大数据可视化企业 Tableau、Datawatch、Platfora 强大的竞争力，我国推出了 Echarts，并且进行了开源。Echarts 让我们看到了中国大数据可视化的未来。

传统的数据可视化工具仅仅是将数据加以组合，通过不同的展现方式提供给用户，还用于发现数据之间的关联信息。近年来，随着云计算和大数据时代的来临，数据可视化产品已经不再满足于使用传统的数据可视化工具来进行数据仓库中的数据抽取、归纳并简单的展现。新型的数据可视化产品必须满足互联网爆发的大数据需求，必须能够快速地收集、筛选、分析、归纳、展现决策者所需要的信息，并根据新增的数据进行实时更新。因此，在大数据时代，数据可视化工具必须具备以下特性：

（1）实时性。数据可视化工具必须适应大数据时代数据量的爆炸式增长需求，必须能够快速地收集、分析数据，并对数据信息进行实时更新。

（2）简单操作。数据可视化工具必须具有快速开发、易于操作的特性，能满足互联网时代信息多变的特点。

（3）更丰富的展现方式。数据可视化工具必须具有更丰富的展现方式，能充分满足数据展现的多维度要求。

（4）多种数据集成支持方式。数据的来源不仅仅局限于数据库，数据可视化工具必须支持团队协作数据、数据仓库、文本等多种方式，并能够通过互联网进行展现。

下面介绍一些国内外主流的商业智能工具，也可称为数据可视化工具。

一、Tableau 与 Power BI

Tableau 的使命是“帮助人们查看和理解数据”，显然它的主要目标是可视化。Power BI 主要基于高级 Excel 功能，包括 Power Query、Power Pivot 和 Power View。微软侧重于为其他业务应用程序的用户（尤其是 Excel 高级用户）提供功能强大且可自定义的数据工具套件。

Tableau 成立于 2003 年，是斯坦福大学一个计算机科学项目的成果，该项目旨在改善分析流程并让人们能够通过可视化更轻松地使用数据。Tableau 凭借人人可用的直观可视化分析，打破了商业智能行业的原有格局。Tableau 适合 BI 工程师、数据分析师。

Power BI 是微软出品的，可以和 Excel 搭配使用，通过 Power BI 来呈现 Excel 的可视化内容。Power BI 是软件服务、应用和连接器的集合，它们协同工作以将相关数据来源转换为连贯、逼真的交互式见解。数据可以是 Excel 电子表格，也可以是基于云和本地混合数据仓库的集合。使用 Power BI，我们可以轻松连接到数据源，发现重要内容，并根据需要与任何人共享。

Power BI 包括多个协同工作的元素，如图 5－11 所示，从以下三个基本元素开始：

（1）名为 Power BI Desktop 的 Windows 桌面应用程序；

（2）名为 Power BI 服务的联机 SaaS（软件即服务）；

（3）适用于 Windows、iOS 和 Android 设备的 Power BI 移动应用。

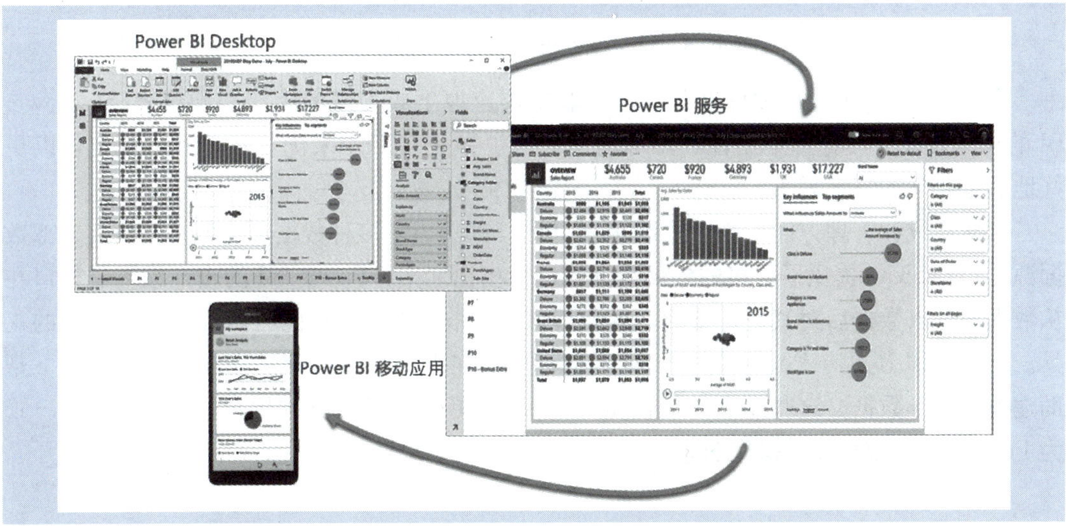

图 5－11　Power BI 协同工作元素图

数据可视化是公司商业智能（BI）的核心，尤其能帮助非技术背景的高管和决策者理解数据。通过叙事性图表，团队能更高效地合作并做出关键决策。Tableau 和 Power BI 都提供强大的可视化功能，但两者的实现方式有所不同。

在模板方面，Power BI 提供了 29 种标准视觉效果，而 Tableau 在 Show Me 功能中提供了 24 种。但这不是关于数字的对比，两种软件的标准视觉效果的元素可以组合和修改，从而形成数千种组合图形。Tableau 可视化效果操作图如图 5－12 所示。

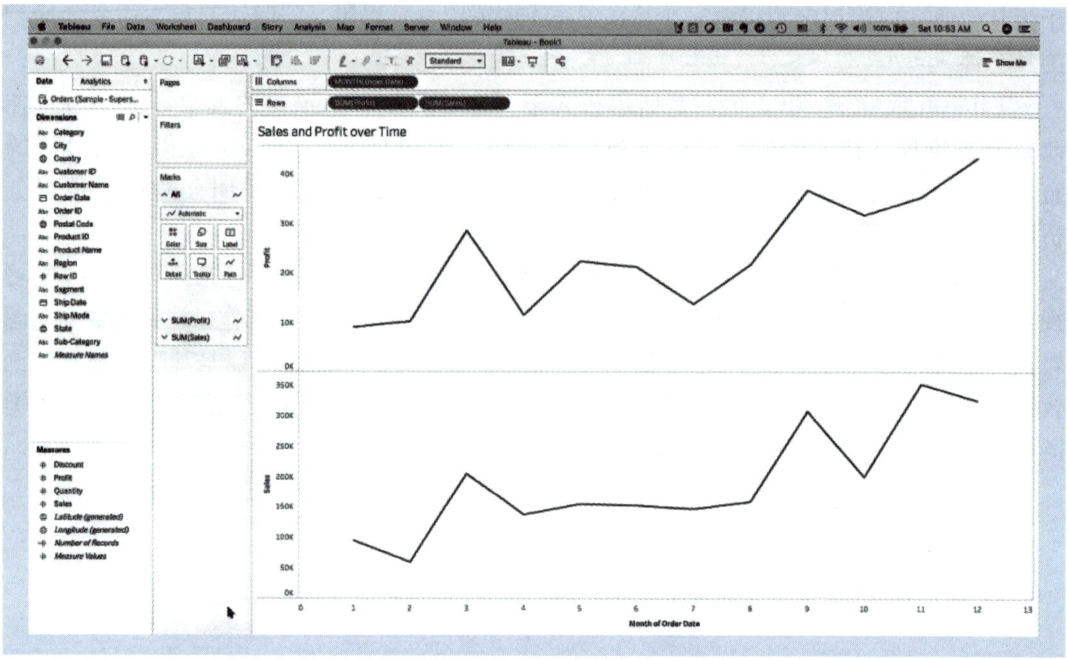

图 5-12　Tableau 可视化效果操作图

Tableau 的可视化更加标准化，可以非常快速地生成美观的工作表和仪表板。Power BI 的视觉效果更具有可定制性，熟练的用户可以做更多工作来优化数据和可视化，以更好地满足业务的特定需求。

数据集成和管理方面，Power BI 和 Tableau 都集成了多种数据源，但是在导入外部数据源时，Tableau 提供了更多的外部数据接口。相比之下，Power BI 的查询编辑器窗口在从数据源导入数据后对其进行整形，界面与 Excel 非常相似，功能区内置了许多有用的工具。Power BI 还具有 Power Query M 函数，可以在查询编辑器无法完成工作的情况下帮助建模和整形数据，这些高级功能使得 Power BI 更受技术精湛的用户的青睐。图 5-13 为 Power BI 可视化效果操作图。

二、FineBI

FineBI 是一款国产软件，是一款人性化的自助可视化工具。FineBI 在前台就可以配置表之间的关系，拖曳就可以生成数据分析报表，操作简单，上手容易，符合业务人员的理解、操作和学习习惯，非常人性化。

FineBI 登录界面如图 5-14 所示。

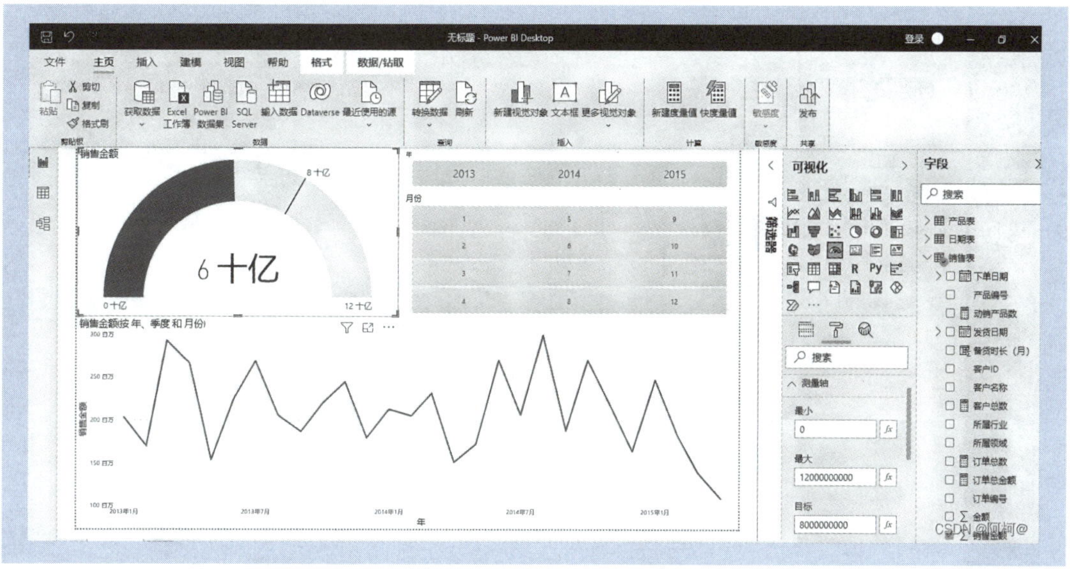

图 5-13　Power BI 可视化效果操作图

图 5-14　FineBI 登录界面

下面用一个例子来展示 FineBI 进行数据可视化分析的过程。

（1）我们选用一张需要进行分析的 Excel 表格，将它上传至“数据准备”→“admin 的业务包”中，如图 5-15 所示。

图 5－15　上传数据表

（2）新建仪表板，拖曳数据字段并选择图表类型，如图 5－16 所示。

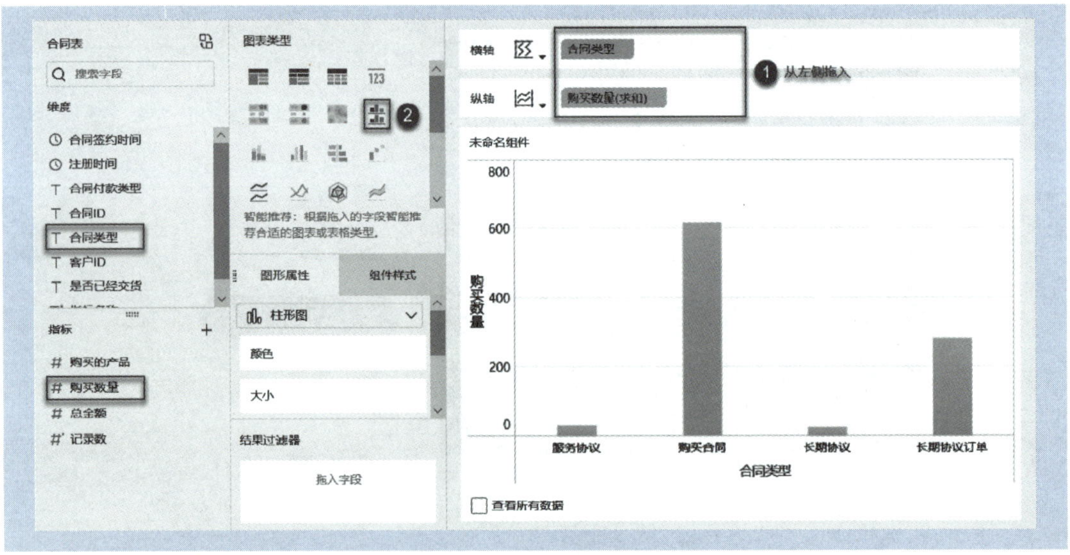

图 5－16　制作图表

（3）进行个性化的操作，如添加过滤条件、进行数据筛选等，如图 5－17 所示。

（4）单击“进入仪表板”→“预览仪表板”，即可进入预览界面，如图 5－18 所示。

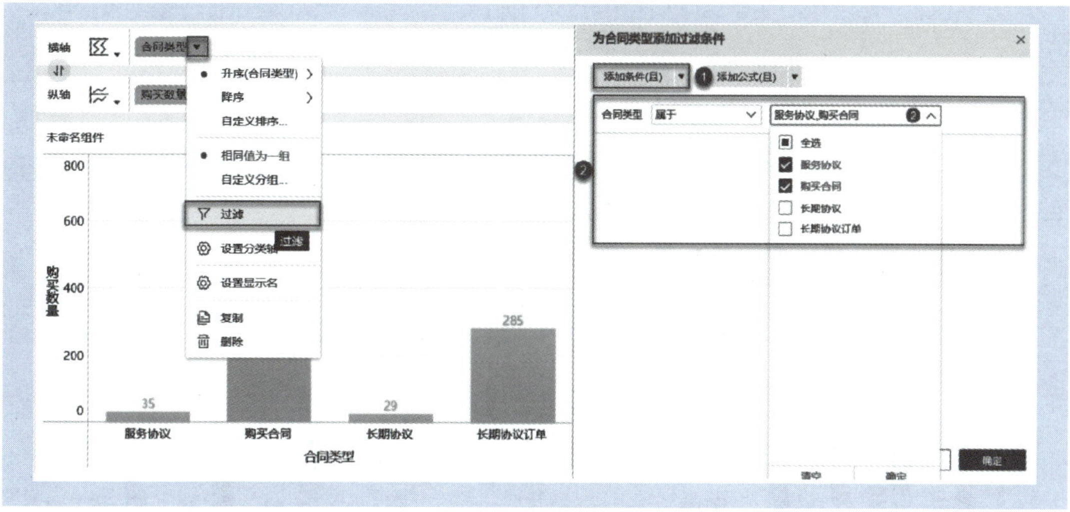

图 5-17　添加过滤条件

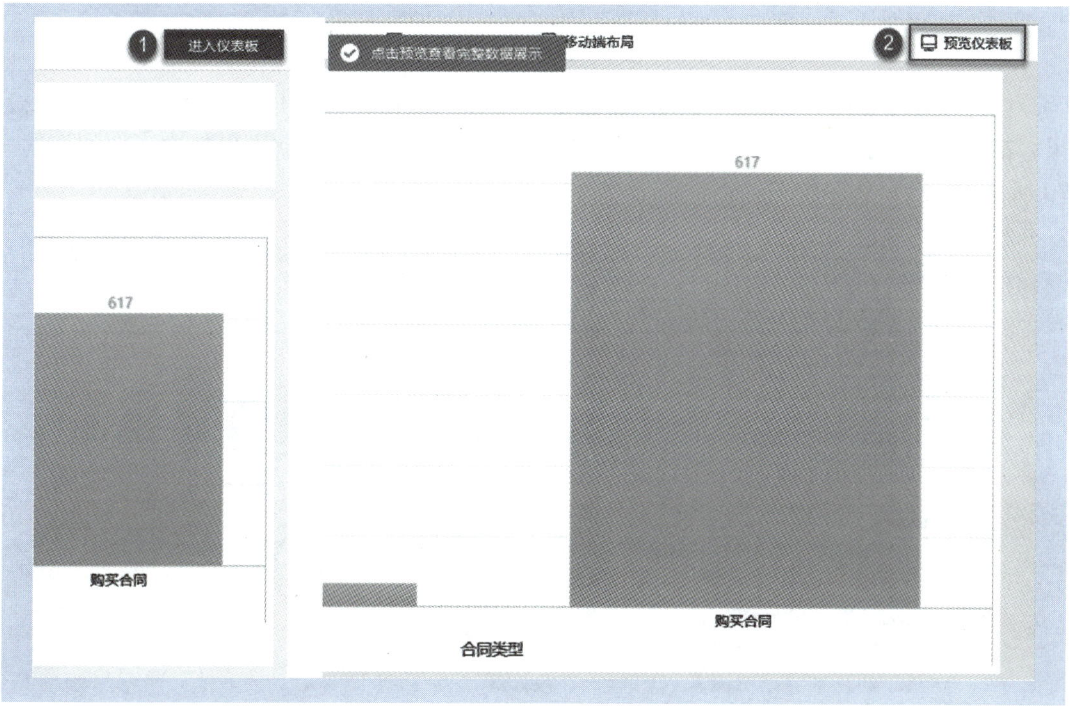

图 5-18　预览仪表板

（5）同样还可以做很多这样的分析，以常见的柱形图、折线图和组合图为例，图 5-19 是预览界面结果。

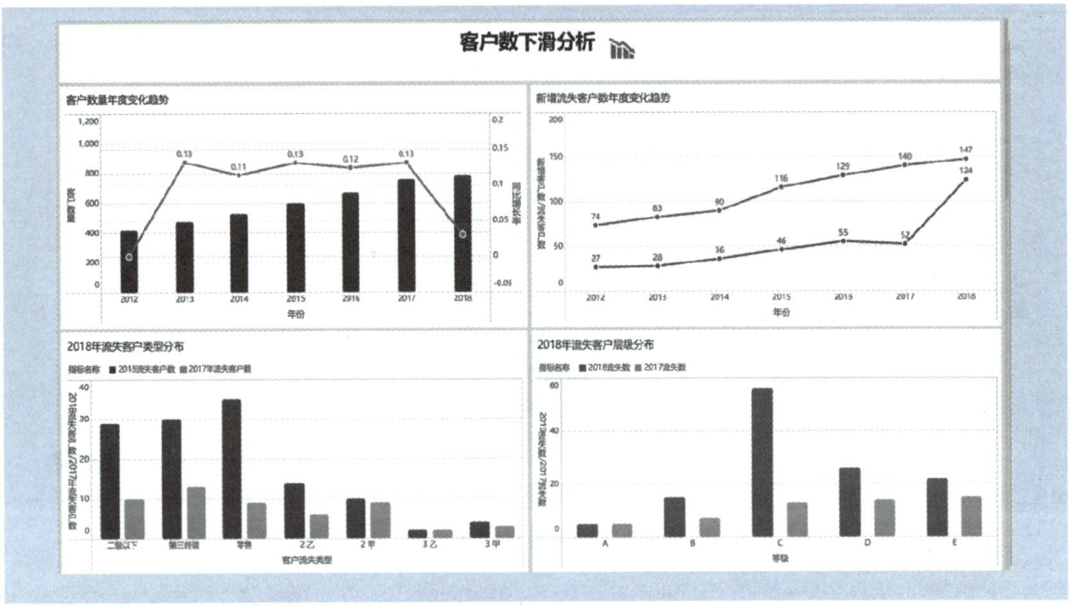

图 5－19　预览界面

（6）如果配置图表之间的关系，那么也是可以的。FineBI 可以实现联动、钻取等效果，都是傻瓜式的拖曳操作。比如联动，单击“联动设置”命令就可以操作了，如图 5－20 所示。

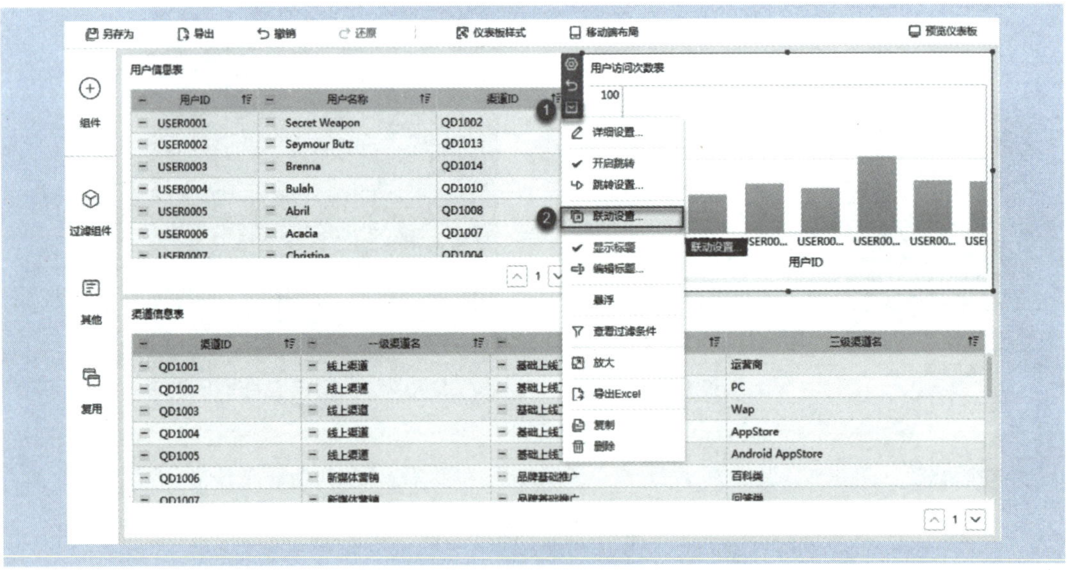

图 5－20　数据联动

通过对 FineBI 的探索，我们可以发现 FineBI 并不仅仅对前端的业务人员友好，而且对后台的 IT 人员也有考虑，比如有自带的 ETL 工具，就不用他们自己写很多 SQL 来取数了。

从功能上看，FineBI 提供了无限的图表类型、不受限制的图表属性组合映射效果以及智能的图表推荐功能。另外，由于 FineBI 支持用户将字段与图表的颜色、大小、形状、标签等属性绑定，并且 FineBI 在 OLAP 多维分析方面做得十分全面，因此钻取、联动、旋转、切片、跳转都可以进行快速设置。

从企业级工具的角度看，FineBI 具有非常完善的数据权限管控能力，除了提供仪表板的权限分配功能之外，还能够针对不同部门/岗位/角色的人员进行行/列级别的数据权限管控，使得不同的人由于权限限制而只能看到自己的部分数据，如图 5－21 所示。

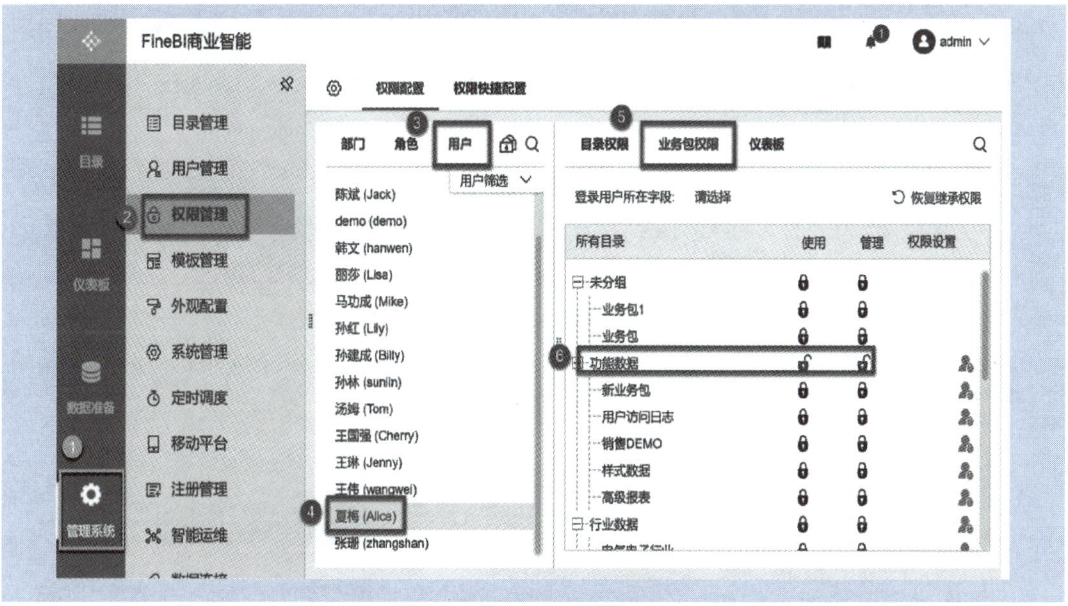

图 5－21　权限管理图

从性能上看，FineBI 可以直接连接国内的大数据平台，可以通过服务器数据集对接多维数据库。另外，FineBI 拥有 FineDirect 引擎与 FineIndex 引擎双模式搭配，支持亿级数据的秒级呈现，以灵活应对企业大数据量处理需求。

从严格意义上讲，FineBI 是自助式的 BI 分析工具，因为它不仅有前端的数据分析操作功能，而且有数据管理、以 IT 为中心的企业级管控，还有比较好的移动端支持，有原生的 App，也支持钉钉、微信企业号。图 5－22 是 FineBI 的功能架构。

FineBI 作为国产工具，还为用户和数据爱好者提供了良好的交流平台和学习资源以及开放的行业案例，十分适合课程学习，并能够通过帆软中文社区进行任务共创、竞赛拿奖、考试认证、能力变现，如图 5－23 所示。

FineBI 下载地址：https://www.finebi.com/

帆软社区地址：https://bbs.fanruan.com/

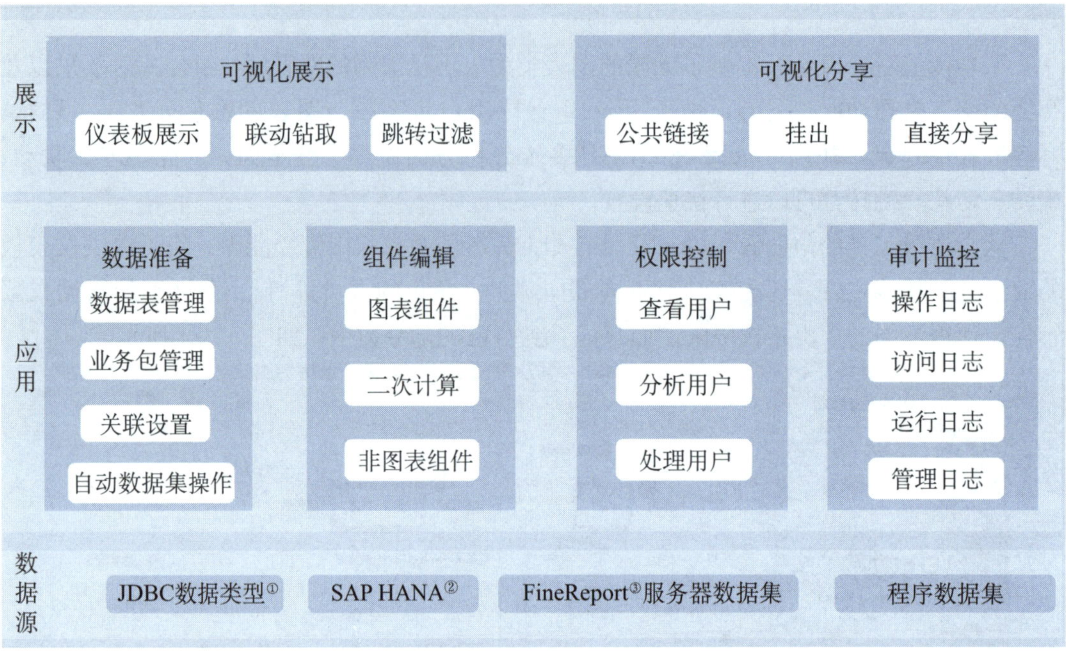

图 5－22　FineBI 的功能架构

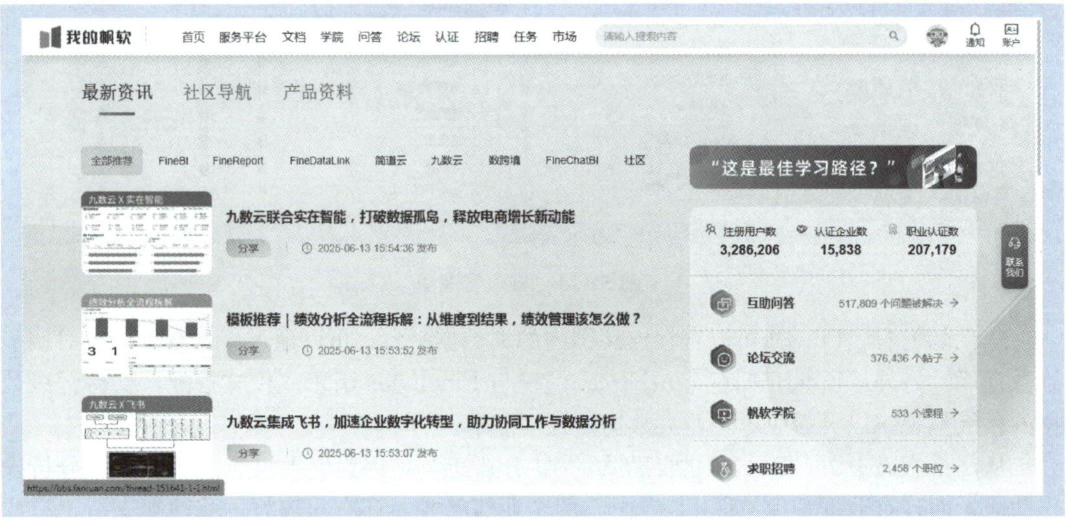

图 5－23　帆软社区

① JDBC 数据类型：Java 数据库连接（Java Database Connectivity）数据类型，是用于 Java 程序连接数据库的一种标准数据类型规范。

② SAP HANA：一种高性能的内存数据库，可用于实时数据处理和分析等场景，是德国软件企业思爱普（SAP）推出的产品。

③ FineReport：一种报表工具。

三、用友分析云

（一）产品概述

用友分析云是用友数据服务解决方案的重要组成部分，致力于通过云服务模式（专属云服务）为用户提供灵活、便捷的数据分析服务，其便捷的数据获取、高效的存储计算、丰富的输出展现、友好的互动体验、可靠的数据安全、多端浏览适配能力有效地支撑了用户各类数据应用需求的实现。

用友分析云采用所见即所得的设计界面，无须编写代码，拖曳设计使得业务人员可以轻松设计报表和故事板，与数据进行友好交互。使用者可以自由创建数据模型，对数据进行筛选排序，使用表格和多种可视化控件设计出美观实用的数据分析页面。

用户可以随时随地从计算机、平板电脑和手机端在任意地点通过连接互联网访问同一张报表进行业务分析，并利用微信、邮件等分享给同事，对方可以立刻知悉，从而实现随时随地的高效率数据洞察与业务分析。

用友分析云的业务价值：

（1）跨数据源整合数据，用户便捷上传、更新数据；

（2）提高分析报告的制作效率，分析结果快速呈现；

（3）便捷的自助交互能力使管理层及各级业务人员能第一时间获得实时指标数据；

（4）业务人员及时掌握产品、客户、供应商的数据，及时获取动态绩效信息；

（5）灵活丰富的可视化展现，并可通过配置实现分析报告的快速调整；

（6）没有技术背景的运营人员和业务人员可便捷地使用分析云；

（7）集团高层领导能够实时掌控集团的全部运营情况和各项业绩指标；

（8）整理了海量的 Excel 数据，规范了基础数据；

（9）系统从多角度快速进行数据深度分析；

（10）系统操作简便、易于上手，大大节省了业务人员的学习成本；

（11）方便、及时的分析帮助客户发掘数据，提升客户对业务系统的响应能力。

用友分析云既可以满足用户的深度业务分析需求，又可以快速地帮助用户实现个性化定制数据分析，提供良好的项目体验，真正实现了数据分析驱动业务改进。

（二）功能介绍

用友分析云为不同角色的用户提供不同的产品功能合集，如图 5 - 24 所示。

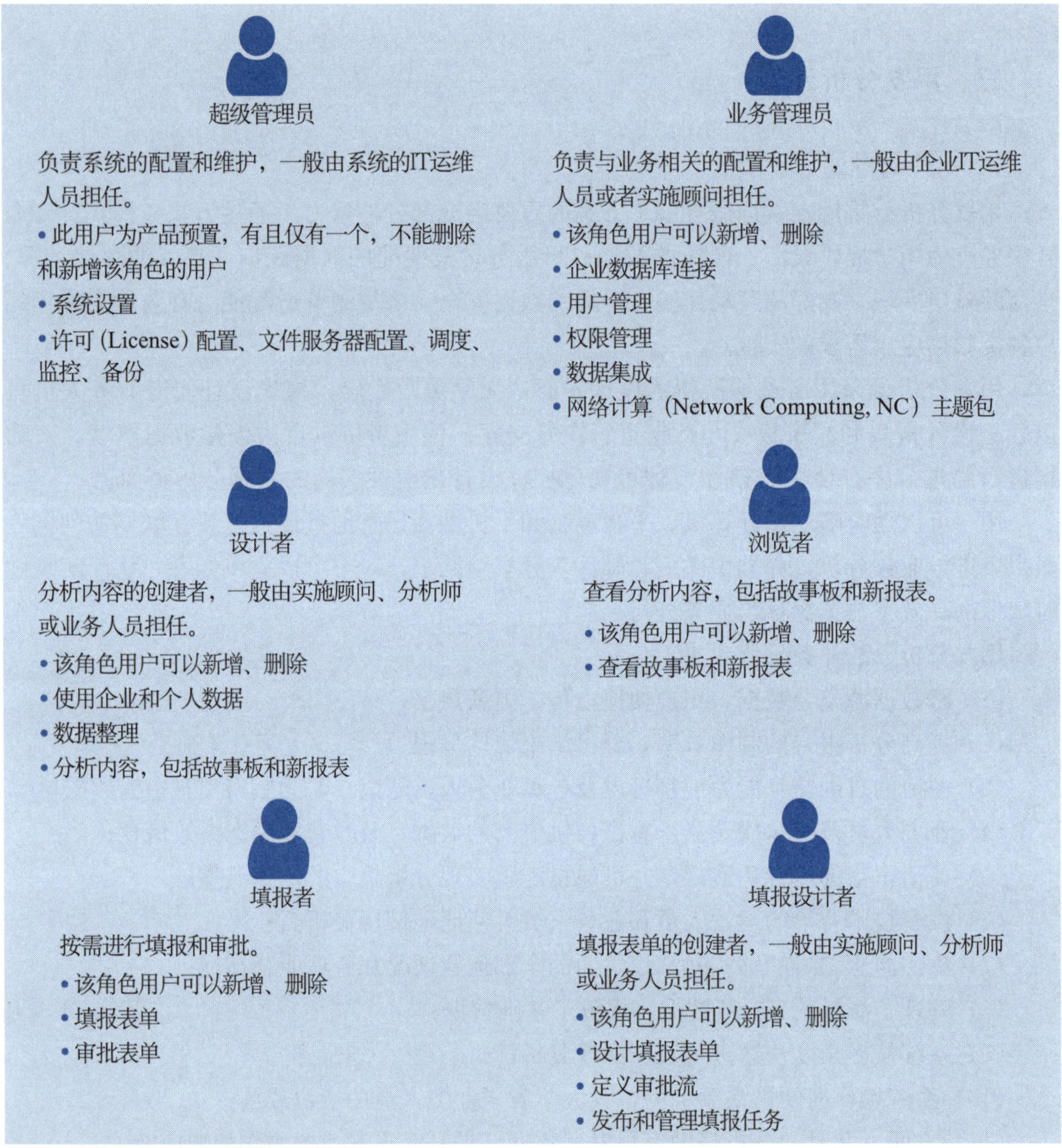

图 5-24　用友分析云角色概览

（三）数据分析基本流程

1. 数据获取

用友分析云系统提供三种数据获取方式，即直连数据库、上传数据文件、数据填报补录，如图 5-25 所示。

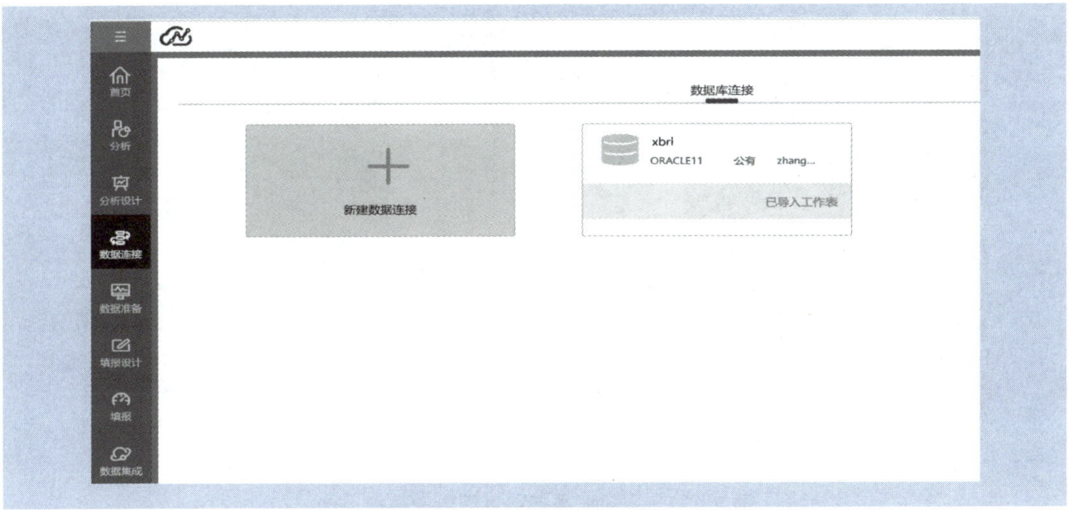

图 5-25　数据获取方式

单击页面中的“新建数据连接”，在弹出的“新建数据源”对话框（如图 5-26 所示）中编辑要添加的数据连接信息，单击“测试连接”按钮，测试成功后，单击“确定”按钮保存，数据连接列表会显示添加的数据连接。

图 5-26　“新建数据源”对话框

2. 上传数据

用友分析云系统可以通过上传数据来采集分析数据，如图 5-27 所示。设计者用户可以在“数据准备”节点上传本地的数据文件（如 Excel、CSV）到用友分析云，进一步支持分析。

图 5-27 “数据准备”页面中的数据上传

若用户选择了 Excel 数据，则系统会列出文件中所有页签供用户选择，用户后续需要继续选择保存文件夹等信息，最后保存上传。若用户选择了 CSV 数据，则系统会列出所有字段供用户选择，如图 5-28 所示。

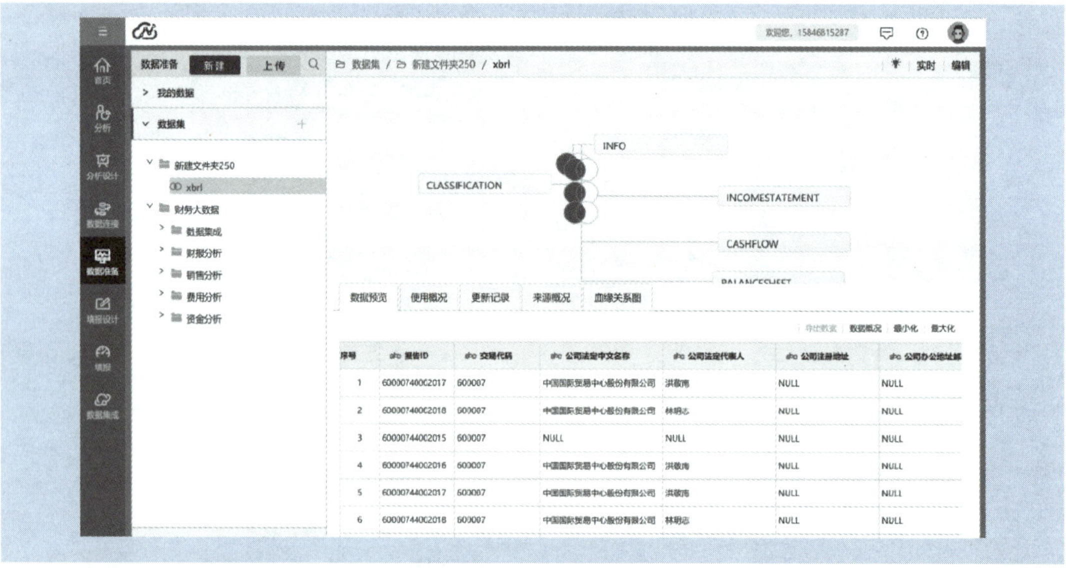

图 5-28 上传的数据

对于上传后的数据，用户可以在数据预览页面中追加数据、替换数据、新增字段。追加数据是在当前数据的基础上直接追加，而替换数据则会用新数据替换当前数据。单击“追加数据”按钮，会弹出对话框，左侧显示当前数据的字段，右侧显示“上传”和“重置”按钮。单击“上传”按钮，选择追加数据，追加数据字段会自动和当前数据匹配，并给出相应的校验提示，校验通过即可追加。

新增数据操作与以上步骤类似：单击“新增字段”按钮，输入字段名称、字段类型、字段默认值，用于补齐之前上传的数据。

3. 新建关联数据集

用友分析云系统可以通过上传数据来采集分析数据，用户可以在数据准备节点上传本地的数据文件（如 Excel、CSV）到分析云，如图 5－29 所示。

图 5－29　创建数据集

单击“新建数据集”按钮，选择“关联数据集”，设置数据集名称和所在文件夹后即生成一个空白数据集。可以拖曳多个表（上传的文件、物化的数据集、数据填报表、数据源表）到关联关系区域，如图 5－30 所示。表的拖曳有限制，若拖曳了一个数据源表到关联关系区域，则上传的文件、物化的数据集、数据填报表、其他数据源表都不可拖曳；若没有拖曳数据源表到关联关系区域，则上传的文件、物化的数据集、数据填报表可以拖曳到同一个关联关系区域。

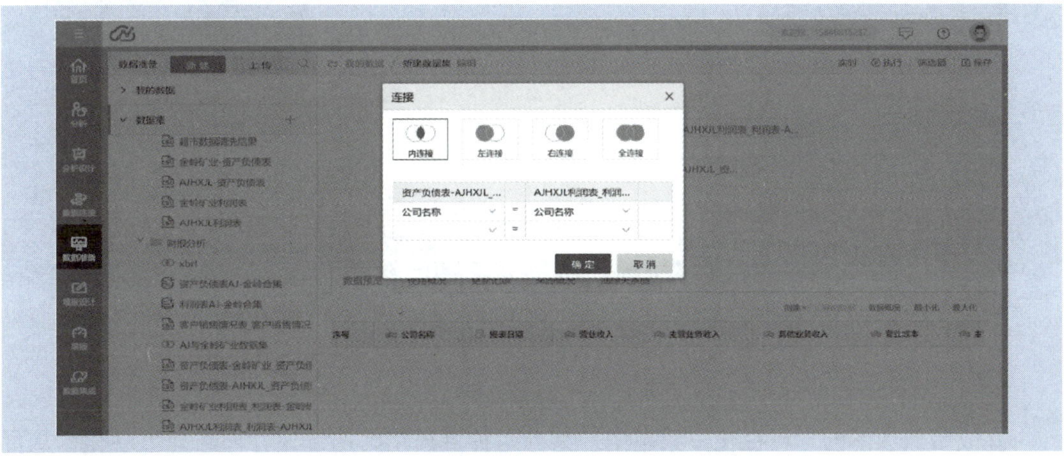

图 5－30　关联数据集

搭建关联关系的方式：单击一个表的表头，再单击另一个表的表头即可。关联关系默认为内连接，可以更改为全连接、左连接、右连接，若有同名字段则会自动匹配关联，单击后可以修改。关联关系搭建后，需要选择数据集字段，选择的字段会在数据预览页面中显示出来。

4. 创建故事板

（1）在用友分析云界面中，单击左侧导航栏中的“分析设计”按钮，进入分析设计页面。

（2）在左上角找到“新建”按钮。

（3）在单击“新建”按钮后出现的菜单中选择“新建故事板”，可以弹出“新建故事板”对话框，如图 5－31 所示。

（4）在“故事板名称”处，给新建的故事板命名，若没有名称则将无法创建故事板。

（5）选择故事板所在的路径。

（6）单击“新建文件夹”按钮，在所选文件夹下创建下一级文件夹。文件夹层级最多为 3 级，无法在第 3 级文件夹下创建新文件夹，此时按钮会变成灰色而无法单击。

（7）创建了文件夹后，默认名称为“新建文件夹”，可以选择给文件夹重命名。

（8）选择创建“普通故事板”或“移动故事板”。普通故事板是适合在计算机上使用的故事板，适配计算机端的分辨率；移动故事板是专门给移动端使用的故事板，适配移动端的分辨率。

（9）单击“确认”按钮就完成了故事板的创建，并且直接跳转到故事板编辑页中。

图 5－31　“新建故事板”对话框

5. 数据可视化

在故事板顶部的“可视化”菜单中，共有两种可视化添加方式，即新建可视化、从可视化仓库中添加，如图 5－32 所示。

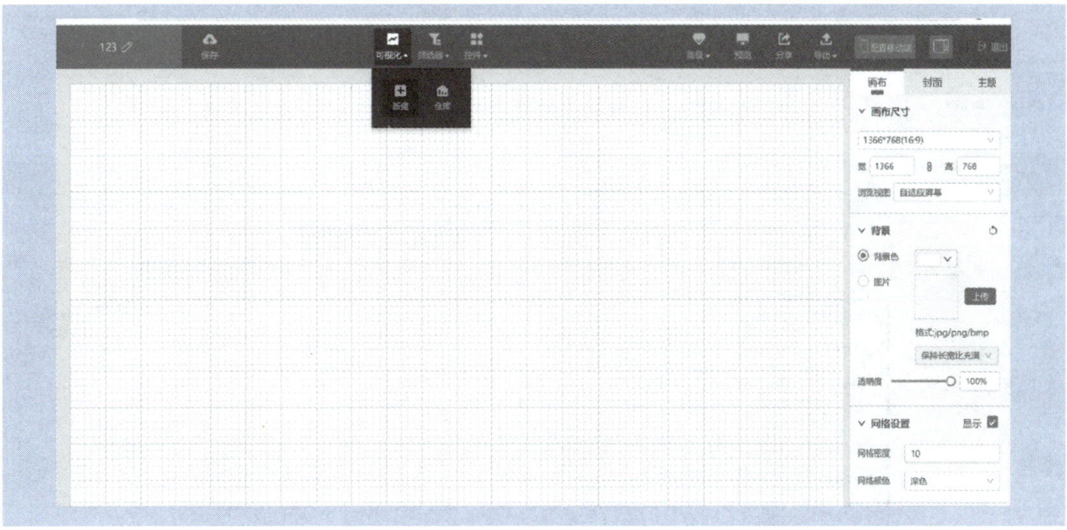

图 5-32　两种可视化添加方式

新建可视化的第一个步骤是选择数据集，单击“新建”按钮可以进入“选择数据集”对话框，如图 5-33 所示。页面左侧是数据集目录，单击需要使用的数据集后，右侧会出现该数据集中的数据，最多显示前 10 000 条。

图 5-33　“选择数据集”对话框

进入可视化编辑器（如图 5-34 所示）后，可以看到整个编辑器分为三大部分：顶部标签栏、左侧选项区、右侧展示区。

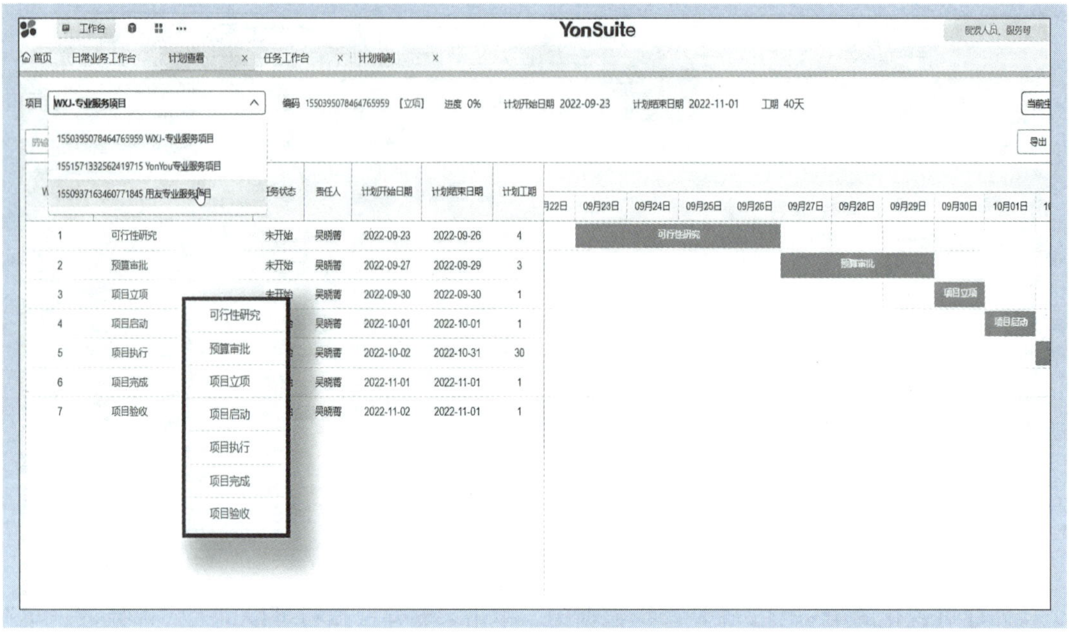

图 5－34　可视化编辑器

详细的功能布局说明如下。

（1）可视化标签区：显示当前正在编辑的可视化标签，可以通过加号添加可视化标签，实现批量创建可视化标签的功能。

（2）数据集显示区：此处显示当前可视化使用的数据集名称，并且可以通过右侧的按钮切换数据集，如果切换数据集，则当前对可视化所做的设置将全部被清除。

（3）维度和指标备选区：此处列出当前数据集所有的维度和指标字段，可以通过右侧的加号添加层级字段和计算字段。

（4）可视化名称：此处显示可视化名称，可以直接在这里修改当前可视化的名称，保存后生效。

（5）图形选择：共有 36 种图形可供选择。

（6）过滤：设置显示数据的过滤条件，可以添加多个过滤条件，多个过滤条件之间是与的关系。

（7）颜色：设置使用字段的颜色。

（8）显示设置：设置与可视化显示相关的项目。

（9）预警线：设置预警条件，数据满足条件后发出报警通知。

（10）辅助线：添加数据辅助线，主要是最大值、最小值、平均值等。

（11）自定义配置：允许设计者通过直接修改代码的方式自定义可视化。

（12）维度和指标应用区：可以将左侧的维度和指标字段拖入该区域来制作可视化。

（13）可视化显示区：在这里显示可视化效果。

实战应用

财务数据可视化

日常工作中该怎样快速地做出一份财务数据分析可视化报表呢？多种软件平台可以实现。例如，用友 BI 方案财务数据可视化，不仅能使数据易懂，还能随时根据客户的需求变化去分析。

如图 5－35 所示，这是一份无缝对接用友系统后制作出来的用友 BI 财务数据可视化报表。可以明显地看到，这一份现金流量表直观地计算分析了多个指标的上年、同比、趋势，并配备了相应的明细表格，让管理者能够很快地掌握这段时间内的现金流入、存留情况。

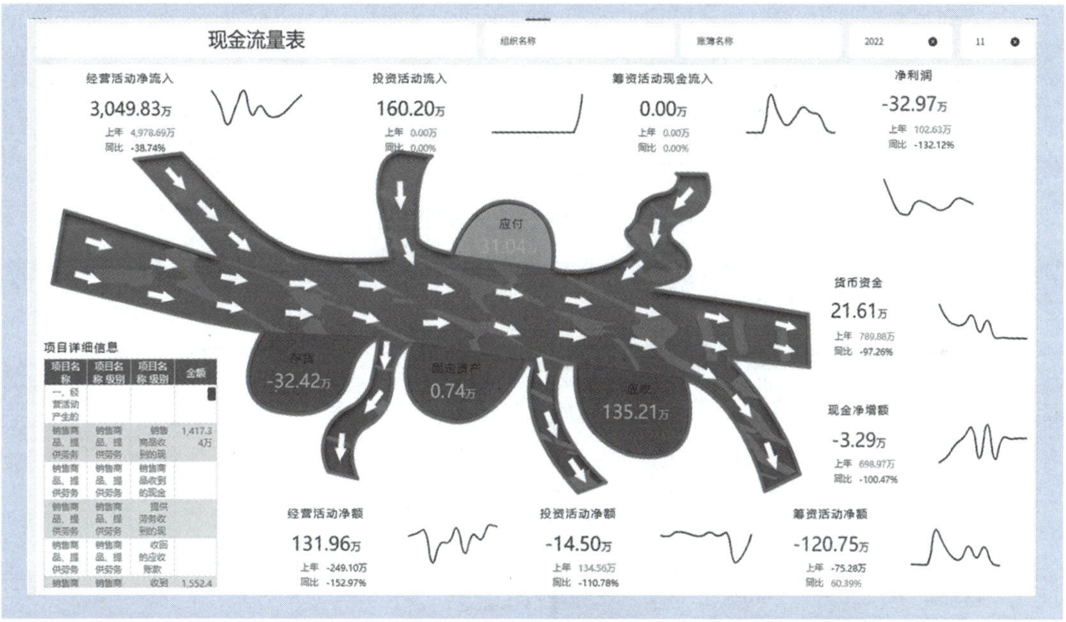

图 5－35　现金流量表

现金流量表多维分析如图 5－36 所示。

图 5－35 的现金流量表主要展示了现金流总体情况，图 5－36 的现金流量表多维分析则更多的是在多维度动态分析现金流量数据上发力。现金流量表多维分析使浏览者能够看到每个项目的现金流金额，并通过颜色预警对标准之外的数据进行预警。

利润表年度分析如图 5－37 所示。

按年度进行比较分析，主要是进行了利润表同比分析、组织对比分析、月度同比分析。

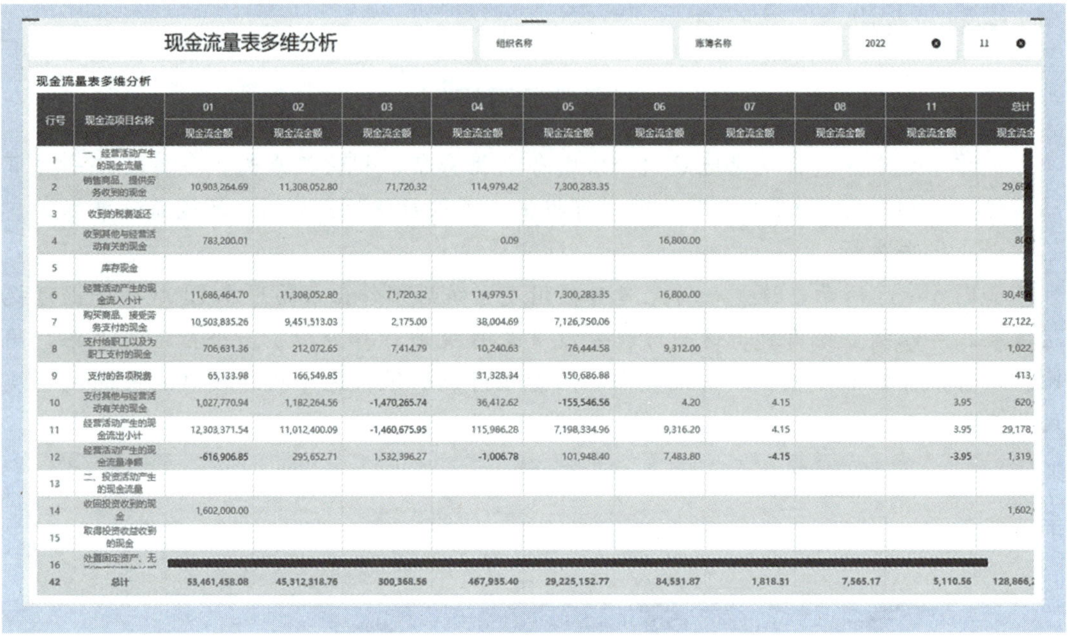

行号	现金流项目名称	01	02	03	04	05	06	07	08	11	总计
		现金流金额	现金流金额	现金流金额	现金流金额	现金流金额	现金流金额	现金流金额	现金流金额	现金流金额	现金流金
1	一、经营活动产生的现金流量										
2	销售商品、提供劳务收到的现金	10,903,264.69	11,308,052.80	71,720.32	114,979.42	7,300,283.35					29,65
3	收到的税费返还										
4	收到其他与经营活动有关的现金	783,200.01			0.09		16,800.00				80
5	库存现金										
6	经营活动产生的现金流入小计	11,686,464.70	11,308,052.80	71,720.32	114,979.51	7,300,283.35	16,800.00				30,49
7	购买商品、接受劳务支付的现金	10,503,835.26	9,451,513.03	2,175.00	38,004.69	7,126,750.06					27,122,
8	支付给职工以及为职工支付的现金	706,631.36	212,072.65	7,414.79	10,240.63	76,444.58	9,312.00				1,022,
9	支付的各项税费	65,133.98	166,549.85		31,328.34	150,686.88					413,
10	支付其他与经营活动有关的现金	1,027,770.94	1,182,264.56	-1,470,265.74	36,412.62	-155,546.56	4.20	4.15		3.95	620,
11	经营活动产生的现金流出小计	12,303,371.54	11,012,400.09	-1,460,675.95	115,986.28	7,198,334.96	9,316.20	4.15		3.95	29,178,
12	经营活动产生的现金流量净额	-616,906.85	295,652.71	1,532,396.27	-1,006.78	101,948.40	7,483.80	-4.15		-3.95	1,319,
13	二、投资活动产生的现金流量										
14	收回投资收到的现金	1,602,000.00									1,602,
15	取得投资收益收到的现金										
16	处置固定资产、无	[redacted]									
42	总计	53,461,458.08	45,312,318.76	300,368.56	467,935.40	29,225,152.77	84,531.87	1,818.31	7,565.17	5,110.56	128,866,

图 5-36　现金流量表多维分析

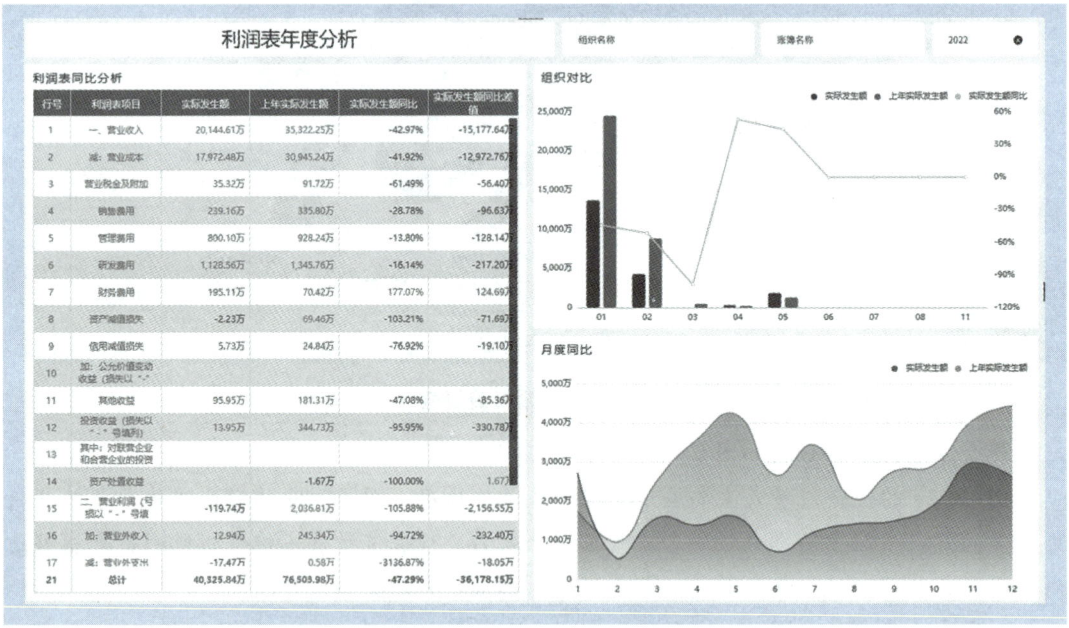

行号	利润表项目	实际发生额	上年实际发生额	实际发生额同比	实际发生额同比差值
1	一、营业收入	20,144.61万	35,322.25万	-42.97%	-15,177.64万
2	减：营业成本	17,972.48万	30,945.24万	-41.92%	-12,972.76万
3	营业税金及附加	35.32万	91.72万	-61.49%	-56.40万
4	销售费用	239.16万	335.80万	-28.78%	-96.63万
5	管理费用	800.10万	928.24万	-13.80%	-128.14万
6	研发费用	1,128.56万	1,345.76万	-16.14%	-217.20万
7	财务费用	195.11万	70.42万	177.07%	124.69万
8	资产减值损失	-2.23万	69.46万	-103.21%	-71.69万
9	信用减值损失	5.73万	24.84万	-76.92%	-19.10万
10	加：公允价值变动收益（损失以"-"				
11	其他收益	95.95万	181.31万	-47.08%	-85.36万
12	投资收益（损失以"-"号填列）	13.95万	344.73万	-95.95%	-330.78万
13	其中：对联营企业和合营企业的投资				
14	资产处置收益		-1.67万	-100.00%	1.67万
15	二、营业利润（亏损以"-"号填	-119.74万	2,036.81万	-105.88%	-2,156.55万
16	加：营业外收入	12.94万	245.34万	-94.72%	-232.40万
17	减：营业外支出	-17.47万	0.58万	-3136.87%	-18.05万
21	总计	40,325.84万	76,503.98万	-47.29%	-36,178.15万

图 5-37　利润表年度分析

除此之外，用友 BI 方案还准备了一份现金流量科目明细账。综合这几张财务数据分析可视化报表，在综合筛选、钻取、联动等智能分析功能后，浏览者即可顺利地去分析数据。

分析过程的思维变化、需求变化是最不可捉摸的，因为它有各种可能。例如，我们在现金流量表中发现净利润为－32.97 万元，自然而然地就会想要知道为什么会是这样的结果，这时候就需要通过双击钻取或单击跳转到相应报表中做进一步的分析。

项目小结

可视化让数据更可信。本项目首先从数据可视化的概念、优点、分类等方面入手，让我们更专业地认识数据可视化。数据可视化将抽象的、复杂的、不易理解的数据转化为人眼可识别的图形、图像、符号等，这些转化后的数据通常具备较高的识别率，能够有效地传达出数据本身所包含的有用信息。数据可视化的目的，是对数据进行可视化处理，以便更明确、有效地传递信息。然后，本项目对数据可视化的步骤进行了详细介绍。最后，本项目对常用的商业智能工具进行了简单介绍，重点对 FineBI 和用友分析云做了可视化流程演示，并对这两款产品进行了图表的直观展示。

实训练习

应知考核

一、单项选择题

1. 最简单的科学可视化方法是（　　），它将不同的值映射成不同的颜色。

A. 颜色映射法　　B. 信息可视化　　C. 图表可视化　　D. 数据可视化

2. （　　）处理的对象是非结构化数据。因此，非结构化数据可视化通常是将非结构化数据转化为结构化数据再进行可视化显示。

A. 科学可视化　　B. 信息可视化　　C. 图表可视化　　D. 数据可视化

3. （　　）是一种表达数据的方式，是对现实世界的抽象表达。

A. 可视化　　B. 数据计算　　C. 数据汇总　　D. 图表展示

4. （　　）被称作最新的商业原材料——“21 世纪的石油”。

A. 可视化　　B. 数据计算　　C. 数据汇总　　D. 数据

5. 用简单易懂的可视化方式总结并呈现大型数据集，为读者提供有价值的信息，指的是（　　）。

A. 科学可视化　　B. 信息可视化　　C. 图表可视化　　D. 数据可视化

6. （　　）可以帮助人们洞察出数据背后隐藏的潜在规律，进而提高数据挖掘的效率。

A. 信息可视化　　B. 数据可视化　　C. 图表可视化　　D. 数据汇总

二、多项选择题

1. 数据可视化的优点有（　　）。

A. 动作更快　　B. 以设定方式提供结果

C. 能够理解运营和结果之间的连接　　D. 美观

2. 可视化技术广泛应用于（　　）的处理和分析。

A. 大规模　　B. 高维度　　C. 非结构化数据　　D. 结构化数据

3. 在大数据时代，数据可视化技术在广泛应用的同时，也面临诸多方面的新的挑战，这些方面包括（　　）。

A. 数据规模　　B. 数据融合　　C. 图表绘制效率　　D. 图表表达能力

4. 下列属于大数据时代数据可视化面临的新挑战的是（　　）。

A. 图表表达能力　　B. 系统可扩展性

C. 快速构建能力　　D. 数据分析与数据交互

5. 数据可视化的主要作用在于通过（　　）将关键数据和特征直观地传达出来，从而实现对相对稀疏而又复杂的数据集的深入洞察。

A. 图形　　B. 色彩　　C. 表　　D. 数据

三、判断题

1. 数据可视化的本质就是视觉对话。（　　）

2. 数据可视化的主要作用在于通过图形和色彩将关键数据和特征直观地传达出来，从而实现对相对稀疏而又复杂的数据集的深入洞察。（　　）

3. 无论哪一种可视化类型都有其规则可循。这些规则不仅取决于设计或统计数字，而且受人类感知的支配。（　　）

4. 一个图表中需要剔除的东西，在另一个图表中也许是有用的。（　　）

5. 数据可视化是一种非常清晰的沟通方式，使业务领导者能够更快地理解和处理那些复杂的数据。（　　）

6. 数据可视化是一种纯粹的数据呈现方式。（　　）

应会考核

1. 阐述数据可视化的优点。

2. 简述 Power BI 的三个基本元素。

3. 阐述用友分析云的业务价值。

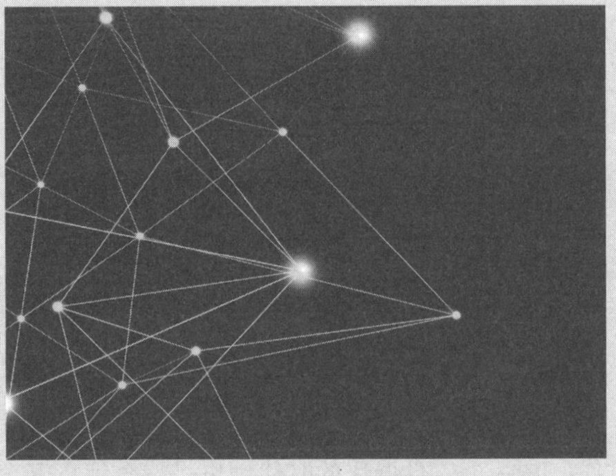

项目六

大数据安全

知识目标

- 理解大数据安全的重要性
- 了解大数据安全问题的分类
- 熟悉大数据安全的新特征
- 了解大数据安全保护原则及对策

能力目标

- 掌握大数据安全技术体系
- 掌握大数据安全技术种类

素质目标

- 提高大数据安全意识

任务一
大数据安全概述

当今时代，是一个信息爆炸的时代，也是一个信息安全面临极大挑战的时代。在数据价值体现的同时，数据安全问题也愈加凸显，数据泄露、数据丢失、数据滥用等安全事件层出不穷，对国家、企业和个人用户造成恶劣影响，信息的安全使用和管理成为社会乃至国家安全的重要战略问题。如何应对大数据时代严峻的数据安全问题，在安全、合法、合规的前提下使用及共享数据成为备受瞩目的问题。

党的二十大报告指出："完善重点领域安全保障体系和重要专项协调指挥体系，强化经济、重大基础设施、金融、网络、数据、生物、资源、核、太空、海洋等安全保障体系建设。"大数据时代，个人信息等数据不但关系到每个人的切身利益，也关系到国家安全与社会稳定。如何在进一步推动大数据应用的同时，加强数据安全与个人信息保护，成为我们必须面对的课题。

经典案例

浪潮集团个人信息保护案例

在大数据安全备受关注的当下，个人信息保护成为企业和社会不容忽视的重要议题。浪潮集团有限公司（简称浪潮集团）在这方面的实践，为行业树立了良好典范。

2024 年 9 月，中共山东省委网络安全和信息化委员会办公室公布"山东省个人信息保护优秀典型案例"评选结果，浪潮软件科技有限公司"数据分类分级产品＋服务解决方案，为个人信息保护提供保障"成功入选。浪潮集团始终将个人信息保护视为企业发展的关键任务，凭借技术创新与管理优化协同发力，推出"数据分类分级产品＋服务"一体化解决方案，全方位守护个人信息全生命周期安全。

该方案主要通过"定、梳、分、控"四步来实现个人信息的有效保护。"定"即制定标准规范，构建成熟的数据分类分级实施规范，为后续工作提供明确指导。"梳"是指运用专业的数据资产发现工具，对数据资产进行全面梳理，确保不遗漏任何关键信息。"分"的环节通过配置敏感数据识别规则，高效识别个人信息，防止信息泄露与非法使用。"控"则是指针对不同级别的数据，采取相应的安全管控措施，实现对重要数据的重点保护。该方案通过数据资产梳理、敏感数据智能识别、自动化的数据分类分级以及安全策略动态管理等技术手段，有效地提升了个人信息处理的安全防护能力。

目前，该方案已在某省教育厅重要数据识别与保护项目中成功落地。该方案通过对教育数据的分类分级管理，严格限制了数据访问权限，避免了学生个人信息、教师信息等敏感数据的泄露风险，得到了客户的高度认可与赞誉。

浪潮集团的这一案例，不仅体现了其在个人信息保护领域的技术实力与创新精神，也为其他企业提供了可借鉴的经验。在大数据时代，企业只有重视个人信息保护，积极采取有效措施，才能在保障用户权益的同时，实现自身的可持续发展，共同营造安全、可信的数字生态环境。

一、大数据安全的定义、目标和重要性

（一）大数据安全的定义

所谓大数据安全，其实就是保障大数据全生命周期的安全和处理合规。其中，大数据的全生命周期，包括数据生产、使用、存储、传输、披露、销毁等；处理合规，其实就是在数据处理的过程中符合各项法律法规的要求。

（二）大数据安全的目标

大数据安全体系的建设重点关注数据的应用场景和隐私保护，主要有如下目标：

（1）满足基本数据安全需求，要以数据为中心，不管是静态的还是动态的，进行全生命周期安全防护，对敏感数据进行数据合规和基本数据安全保护；

（2）不能只局限于单一平台或产品，需要覆盖数据的所有环节和应用场景；

（3）数据支持分类分级，重视数据角色权限管理和数据全生命周期管理；

（4）时刻关注合规性处理，需要建立体系化的合规处理机制。

（三）大数据安全的重要性

（1）在现代社会，无论是商业决策、智慧城市、社会治理，还是国家战略的制定，越来越离不开大数据的支撑，而一旦大数据在安全性能上出现问题，后果将不堪设想。这些数据一旦遭到泄露或非法利用，将会给个人、企业和国家的安全带来巨大的威胁。而在未来，大数据会逐渐扮演更重要的角色，发挥更大的作用，大数据的影响力自然不容小觑。因此，大数据安全应该受到重视。

（2）大数据的多元化属性决定了大数据安全的重要意义。从技术角度来讲，大数据作为一种新型技术手段，需要与工业、制造业等产业结合，才能产生出巨大的效能。大数据安全尤为关键，否则所产生的负面影响将会波及众多领域。以制造业为例，根据麦肯锡的一项测算，如果大数据技术能够在制造业得以充分利用，那么仅在生产成本环节就能降低15%左右的费用，而对于制造业的其他环节，包括设计、制造等领域，大数据的应用会更

加广泛并且为制造业带来更多的盈利空间。当前我国的不同行业也正积极推进数字化转型、智能化的提升，由大数据推动的数字经济正成为我国经济发展新引擎。因此，这更需要我们对大数据的安全加以重视。

（3）在大数据时代，只有流动的数据才能实现价值的最大化，而流动的数据，尤其是跨国数据的流动，则会引发新的安全风险，因此，需要建立相应的大数据安全防护体系，否则国家重要的战略信息就会面临泄露的风险。例如，一些跨国电商企业可以通过订单的相关数据来推测某个群体的消费情况，进而能够对某一行业乃至某一国家的宏观经济运行情况进行推测；跨国手机制造商也可以通过用户手机定位，推测出某一国家移动通信基站的分布，而这些信息对于国家的安全都起着至关重要的作用。

（4）对于个人而言，其在享受大数据产业发展给自己带来便利的同时，也应重视大数据的隐私保护。例如，中国的金融科技企业为了提升用户的体验和服务效率，利用大数据在几分钟内审批贷款，全程不需要人工干预，使得用户享受了服务，企业降低了运营成本，真正实现了双赢。但是用户为了这样的便利，需要出让自己的个人信息，就会带来泄露或盗用风险，因为对于用户来说，很难控制企业在数据收集和处理过程中不规范的行为，虽然企业对数据进行了匿名化，但数据依然可以被还原，导致技术失灵。

数据安全并非仅是技术问题，而是成为系统性风险治理的关键战场。当前数据泄露呈现“规模指数级增长、攻击技术迭代、组织隐蔽化”等特征，数据安全已超越技术范畴，成为国家安全、经济稳定与公民权益的核心战场。

二、大数据安全问题的分类

大数据的特征（即 4 个 V）和新的技术架构颠覆了传统的数据管理方式，在数据来源、数据处理使用和数据思维等方面带来了革命性的变化，这给大数据安全防护带来了严峻的挑战。大数据安全不仅是大数据平台的安全，而且是以数据为核心，围绕数据全生命周期的安全。数据在全生命周期各阶段流转过程中，在数据采集汇聚、数据存储处理、数据共享使用等方面都面临新的安全挑战。

（一）个人信息安全问题

传统的隐私是隐蔽、不公开的私事，实际上是个人的秘密。大数据时代的隐私与传统的不同，内容更多，分为个人信息、个人事务、个人领域，即隐私是一种与公共利益、群体利益无关，当事人不愿他人知道或他人不便知道的个人信息，当事人不愿他人干涉或他人不便干涉的个人事务，以及当事人不愿他人侵入或他人不便侵入的个人领域。在大数据时代，个人身份、健康状况、个人信用和财产状况都是隐私，使用设备、位置信息、电子邮件也是隐私，同时上网浏览情况、应用的 App、在网上参加的活动、发表及阅读的帖子、点赞、通过网络购买的物品、加入的群聊也可能成为隐私。“共享充电宝”出卖个人信息、“大数据杀熟”和“人脸识别”也成为近几年来的新闻热词。

随着大数据产业的不断发展应用，个人信息的安全使用和管理成为重要问题。

个人信息的泄露绝不仅仅是侵犯隐私那么简单，还有可能威胁人身和财产安全。像生活中经常出现的冒名办卡恶意透支、垃圾信息源源不断、骚扰电话不分昼夜等情况，很大因素是个人信息泄露所致。维护个人信息安全是一场持久战。美国曾发生过约1.91亿选民的个人信息外泄事件，英国巴克莱银行曾有数万名客户的个人资料被盗。网络犯罪的“进化”程度，有时会超过法律法规的制定速度。只有从技术上寻求防护对策，在理念上提高网民安全意识，多方用力、立体防护，才能打赢个人信息安全保卫战。

（二）国家信息安全问题

大数据作为一种社会资源，不仅给互联网领域带来了变革，也给全球的政治、经济、军事、文化、生态等带来了影响，已经成为衡量国家综合国力的重要标准。大数据事关国家主权和安全，必须加以高度重视。

1. 大数据成为国家之间博弈的新战场

大数据既意味着海量的数据，也意味着更复杂、更敏感的数据，特别是关系国家安全和利益的数据，如国防建设数据、军事数据、外交数据等，极易成为网络攻击的目标。

“维基解密”网站泄露美国军方机密，影响之深远，令美国政府“愤慨”。举世瞩目的“棱镜门”事件，更是昭示着国家安全正经历着大数据的严酷挑战。在大数据时代，数据安全问题的严重性愈发凸显，已超过其他传统安全问题。

此外，对于数据的跨国流通，若没有掌握数据主权，就势必影响国家主权。这是因为发达国家的跨国公司或政府机构，凭借其高科技优势，通过各种渠道收集、分析、存储及传输数据的能力会强于发展中国家，若发展中国家向外国政府或企业购买其所需数据，只要卖方有所保留（如重要的数据故意不提供），其在数据不完整的情形下就无法做出正确的形势研判，经济上的竞争力势必大打折扣，发展中国家在经济发展的自主权上也会受到侵犯。漫无限制的数据跨国流通，尤其是当一国经济、政治方面的数据均由他国收集、分析进而控制的时候，数据输出国会以其特有的价值观念对所收集的数据加以分析研判，无形中会主导数据输入国的价值观及世界观，对该国文化主权造成威胁。此外，对数据跨国流通不加限制还会导致国内大数据产业仰他人鼻息求生，无法自立自足，从而丧失了本国的数据主权，危及国家安全。

因此，大数据安全已经作为非传统安全因素，受到各国的重视。大数据重新定义了大国博弈的空间，国家强弱不仅仅以政治、经济、军事实力为着眼点，数据主权同样影响着国家的命运。目前，电子政务、社交媒体等已经扎根在人们的日常生活中，各行各业的有序运转已经离不开大数据。数据领域一旦失守，将会给国家安全带来不可估量的损失。

2. 自媒体平台成为影响国家意识形态安全的重要因素

自媒体又称为“公民媒体”或“个人媒体”，是指私人化、平民化、普泛化、自主化的传播者，以现代化、电子化的手段，向不特定的大多数或者特定的单个人传递规范性及非规范性信息的新媒体的总称。大数据时代的到来重塑了媒体的表达方式，传统媒体不再是一枝独秀，自媒体迅速崛起，使得每个人都成为自由发声的独立媒体，都有在网络平台发表自己观点的权利。但是，自媒体的发展良莠不齐，一些自媒体平台上垃圾文章、低劣文章层出不穷，甚至一些自媒体为了追求点击率，不惜突破道德底线发布虚假信息，受众群体难以分辨真伪，冲击了主流媒体的权威性。

三、大数据安全的新特征

大数据在当下具有以下新特征：

（1）海量的数据规模造成大数据的大影响力。大数据对经济运行机制、社会生活方式和国家治理能力产生深刻影响，我们需要从“大安全”的视角认识和解决大数据安全问题。大数据是一把“双刃剑”，在带来益处的同时也具有破坏力，因此大数据安全保障体系要从经济、技术、法律等方面全方位实施。

（2）大数据采用新型计算机架构、智能算法等新技术。大数据正逐渐演变为新一代基础性技术和工具，大数据平台的自身安全将成为大数据与实体经济融合领域安全的重要因素。通过大数据与实体经济的融合促使传统制造业转向智能制造业，使制造业更加网络化、数字化、智能化，这一本质的改变使网络攻击手段发生变化，攻击目的由单纯窃取数据、使系统瘫痪变为操纵分析结果，攻击效果由直观、易察觉的信息泄露转为细小、难以察觉的分析结果偏差，这就需要我们构建更加完善的大数据平台保护体系。

（3）快速流转的数据就像是不断流动的水，只有不断流转才能保证大数据的新鲜和价值。大数据时代，数据流动成为常态，数据在流动过程中实现价值最大化。但数据的频繁跨界流动会引发新的安全风险，特别是在数据共享环节存在数据授权管理问题、数据流向追踪问题、安全审计问题等数据滥用风险，这就需要重构以数据为中心、适应数据跨界流动的安全防护体系。

（4）大数据推动数字经济新业态、新模式蓬勃发展，人们在享受便捷化信息服务的同时却面临保护个人信息的两难抉择。大数据带来的互联网、物联网等新智能时代方便了人们的日常，但是在带来便捷的同时，个人信息权益被削弱，用户的隐私安全受到威胁，这就需要高水平的隐私保护技术。

任务二
大数据安全技术

一、大数据安全技术体系

中国信息通信研究院将大数据安全技术体系分为三个层次：大数据平台安全、数据管理安全和隐私保护安全。

大数据平台安全主要包括基础设施安全、传输交换安全、存储安全、平台管理安全和计算安全。其中，基础设施安全中的物理安全、网络安全、虚拟化安全是大数据平台安全运行的基础。传输交换安全是指与外部系统交换数据过程的安全可控。存储安全是指对平台中的数据设置备份与恢复机制，采用数据访问控制机制来防止数据的越权访问。平台管理安全包括平台组件的安全配置、资源的安全调度、补丁管理等内容。计算安全又称隐私计算，指在保证数据提供方不泄露敏感数据的前提下，对数据进行分析计算并能验证计算结果的信息技术。从广义上讲，计算安全是指面向隐私保护的计算系统与技术，涵盖数据的产生、存储、计算、应用、销毁等信息流转的全生命周期，完成计算任务，使得数据在各个环节中“可用但不可见”。

数据管理安全是指平台为支撑数据流动安全所提供的安全功能，包括数据分类与分级、元数据管理、数据质量管理、数据加密、数据隔离、防泄露等。

隐私保护安全是指利用去标识化、匿名化、密文计算等技术保障个人数据在平台上处理、流转的过程中不泄露个人隐私或个人秘密。这里所说的隐私保护并不仅指保护个人隐私权，还包括在收集和使用个人信息时保障数据主体的信息自决权。

大数据平台安全作为最底层、最基础的组件，为在平台上运行的数据和应用提供安全保障机制；数据管理安全则会在数据的流转或者全生命周期中提供功能和手段防护数据的安全；最上层的隐私保护安全是在数据管理安全的基础上对个人敏感数据和企业数据资产的保护。

二、大数据安全技术种类

从数据生命周期的角度区分，大数据安全技术包括作用于数据采集阶段的敏感数据鉴别发现、数据分类分级标签、数据质量监控；作用于数据存储阶段的数据加密、数据备份容错；作用于数据处理阶段的数据脱敏、安全多方计算、联邦学习；作用于数据销毁阶段的数据全副本销毁；作用于整个数据生命周期的用户角色权限管理、数据传输校验与加密、数据活动监控审计等。

下面我们简单介绍几种常用技术。

（一）数据加密技术

数据加密技术是用某种特殊的算法改变原有的信息数据使其不可读或无意义，使未授权用户获得加密后的信息，因不知解密的方法而仍无法了解信息的内容。加密建立在对信息进行数学编码和解码的基础上，是保障数据机密性最常用也是最有效的一种方法。

在大数据环境中，数据具有多源、异构的特点，数据量大且类型繁多，若对所有数据制定同样的加密策略，则会大大降低数据的机密性和可用性。因此，在大数据环境下，需要先进行数据资产安全分类分级，然后对不同类型和安全等级的数据指定不同的加密要求和加密强度。尤其是大数据资产中非结构化数据涉及文档、图像和声音等多种类型，其加密等级和加密实现技术不尽相同，因此，需要针对不同的数据类型提供快速加解密技术。

（二）身份认证技术

在虚拟的互联网世界中，要想保证通信的可信和可靠，必须正确识别通信双方的身份，这就要依赖于身份认证技术，目的在于识别用户的合法性，从而阻止非法用户访问系统。身份认证技术是确认操作者身份的过程，基本思想是通过验证被认证对象的属性来确认被认证对象是否真实有效。

用户身份认证的方法有很多，主要分为三类：一是基于被验证者所知道的信息，即知识证明，如使用口令、密码等进行认证；二是基于被验证者所拥有的东西，即持有证明，如使用智能卡等进行证明；三是基于被验证者的生物特征，即属性证明，如使用指纹、笔迹、虹膜等进行认证。当然也可以综合利用这三种方式来鉴别，一般情况下，鉴别因子越多，鉴别真伪的可靠性越大，当然也要综合考虑鉴别的方便性和性能等因素。

在大数据环境中，用户数量众多、类型多样，必然面临着海量的访问认证请求和复杂的用户权限管理的问题，而传统的基于单一凭证的身份认证技术不足以解决上述问题，一般需要综合利用多种身份验证方法来认证用户身份。

（三）访问控制技术

访问控制技术是指防止对任何资源进行未授权的访问，从而使计算机系统在合法的范围内使用。访问控制技术是指通过用户身份及其所归属的某项定义组来限制用户对某些信息项的访问，或者限制用户对某些控制功能的使用的一种技术。访问控制的主要目的是限制访问主体对客体的访问，从而保障数据资源在合法范围内得以有效使用和管理。为了达到上述目的，访问控制需要完成两个任务：一是识别和确认访问系统的用户，二是决定该用户可以对某一系统资源进行何种类型的访问。

访问控制的主要功能包括：保证合法用户访问授权保护的网络资源，防止非法的主体进入受保护的网络资源，或者防止合法用户对受保护的网络资源进行非授权的访问。访问控制首先需要对用户身份的合法性进行验证，然后利用控制策略进行应用和管理，当用户身份和访问权限验证通过后，还需要对越权操作进行监控。因此，访问控制的内容包括认证、策略实施和安全审计。

（四）安全审计技术

安全审计是指在信息系统的运行过程中，对正常流程、异常状态和安全事件等进行记录和监管的安全控制手段，防止违反信息安全策略的情况发生，也可用于责任认定、性能调优和安全评估等目的。安全审计的载体和对象一般是系统中各类组件产生的日志数据，格式多样化的日志数据经规范化、清洗和分析后形成有意义的审计信息，辅助管理者形成对系统运行情况的有效认知。

按照审计对象的不同，安全审计分为系统级审计、应用级审计、用户级审计及物理访问审计四类。

在大数据环境中，设备类型众多、网络环境复杂、审计信息海量，传统的安全审计技术和已有的安全审计产品难以快速、准确地进行审计信息的收集、处理和分析，难以全方位地对大数据环境中的各个设备、用户操作、系统性能进行实时动态监视及实时报警。

（五）数据溯源技术

早在大数据概念出现之前，数据溯源（Data Provenance）技术就在数据库领域得到了广泛研究。其基本出发点是帮助人们确定数据仓库中各项数据的来源，例如，了解它们是由哪些表中的哪些数据项运算而成的，据此可以方便地验算结果的正确性，或者以极小的代价进行数据更新。除数据库以外，数据溯源技术还包括 XML（eXtensible Markup Language，可扩展标记语言）数据、流数据与不确定数据的溯源技术。数据溯源技术也可用于文件的溯源与恢复，例如，研究者通过扩展 Linux 内核与文件系统，创建一个数据起源存储系统，可以自动搜集起源数据。

未来，数据溯源技术将在网络安全领域发挥重要作用。然而，数据溯源技术在大数据安全中的应用还面临如下挑战。

（1）数据溯源与隐私保护之间的平衡：一方面，基于数据溯源对大数据进行安全保护，只有通过分析技术获得大数据的来源，才能更好地支持安全策略和安全机制的工作；另一方面，数据来源往往本身就是隐私敏感数据，用户不希望这方面的数据被分析者获得。因此，如何平衡这两者的关系是需要研究的问题之一。

（2）数据溯源技术自身的安全性保护：当前数据溯源技术并没有充分考虑安全问题，例如，标记自身是否正确、标记信息与数据内容之间是否安全绑定等。而在大数据环境下，其大规模、高速性、多样性等特点使该问题更加突出。

（六）数据恢复与销毁技术

1. 数据恢复技术

数据恢复技术就是把遭到破坏的，或者硬件缺陷导致的不可访问或不可获得的，或者误操作、突然断电、自然灾害等突发灾难所导致的，或者遭到犯罪分子恶意破坏等各种原因导致的原始数据在丢失后进行恢复的技术。数据恢复技术主要包括以下几类：软恢复、硬恢复、大型数据库系统恢复、异型操作系统数据恢复和数据覆盖恢复等。

（1）软恢复针对的是存储系统、操作系统或文件系统层次上的数据丢失，这种数据丢失的原因是多方面的，如系统软硬件故障、死机、病毒破坏、黑客攻击、误操作、阵列数据丢失等。这方面的研究工作起步较早，主要难点是文件碎片的恢复处理、文档修复和密码恢复。

（2）硬恢复针对的是硬件故障所造成的数据丢失，如磁盘电路板损坏、盘体损坏、磁道损坏、磁盘片损坏、硬盘内部系统区严重损坏等，恢复起来难度较大，如果是内部盘片数据区严重划伤，则会造成数据彻底丢失而无法恢复。

（3）大型数据库系统中存储着相当重要的数据，数据库恢复技术是数据库技术中的一项重要技术，其设计代码占到数据库设计代码的10%。常用的大型数据库系统恢复方法有冗余备份、日志记录文件、带有检查点的日志记录文件、镜像数据库等。

（4）异型操作系统数据恢复指的是不常用、比较少见的操作系统下的数据恢复，如MAC、OS2、嵌入式系统、手持系统、实时系统等。

（5）数据被覆盖后再要恢复的话，难度非常大，这与其他四类数据恢复有本质的区别。目前，只有硬盘厂商及少数几个国家的特殊部门才能够做到，它的应用一般都与国家安全有关。

2. 数据销毁技术

数据销毁技术是指数据使用者在使用完敏感数据后将其销毁。从管理角度来讲，对于敏感程度高的数据，接触到它的人员可分为数据使用者和数据保管者。数据使用者在使用完敏感数据后就应该将其销毁，这就需要数据销毁技术。数据在使用过程中，应有专人监督，另设专人负责销毁。对于敏感程度低的数据，由于它散落在各个角落，不可能对其进行非常彻底的清除，因此只能要求人员自行销毁，并定期对其进行提醒。

从技术角度来讲，对于不同敏感程度的数据，可采用成本不同的销毁方法。例如，日常工作中，将自身数据的敏感程度分为4个层次：较低、一般、较高、最高。对于敏感程度较低的数据，可采用覆写软件对其进行覆写，覆写算法可选用较为简单的，覆写遍数可以只设为一遍；对于敏感程度一般的数据，可采用更复杂的覆写算法和更多的覆写遍数，这样增强了安全性，但同时加大了时间成本；对于敏感程度较高的数据，覆写软件不够安全，可以采用消磁法进行销毁；对于敏感程度最高的数据，可能还要配合焚毁或物理破损等手段，当然，需要通过这种方式销毁的数据很少，可委托专门机构进行销毁。另外，对于一般的基层单位，对返修和报废的设备通常都有较为成熟的管理流程，只要在已有的流程中增加数据销毁一环，就可极大地提高整体的网络安全程度。

（七）数据脱敏技术

数据脱敏技术是指通过特定规则对敏感数据进行变形、替换或屏蔽，以降低数据与个人关联度的技术过程。当前法律体系（如《中华人民共和国个人信息保护法》第73条、《中华人民共和国网络安全法》第42条）要求个人信息在特定场景（如对外提供、存储超期、服务终止）需要经过匿名化处理，而数据脱敏可作为实现匿名化的技术手段之一，但需要满足不可识别且不可复原的法定标准。

数据脱敏技术分为静态脱敏技术和动态脱敏技术。静态脱敏技术适用于非生产环境（如开发测试），通过不可逆算法生成保真数据副本，在保留统计特征的同时杜绝敏感信息泄露；动态脱敏技术则通过实时拦截与权限控制，在数据服务接口返回时过滤敏感字段，但因其可逆性仅能达到去标识化效果，所以无法直接等同于匿名化。

任务三
大数据安全保护原则及对策

一、大数据安全保护原则

大数据安全保护方面的建章立制并非朝夕之间即可完成，但基本原则的统摄和指导必不可缺。保护大数据，应该在“实现数据的保护”与“数据自由流通、合理利用”这两者之间寻求平衡。一方面，要积极制定规则，确认与数据相关的权利；另一方面，要努力构建数据平台，促进数据的自由流通和利用。大数据保护的基本原则包括数据主权原则、数据保护原则、数据自由流通原则和数据安全原则。

（一）数据主权原则

数据主权原则是大数据保护的首要原则。数据安全关系到个人安全、社会安全和国家安全。数据主权原则指的是一个国家独立自主地对本国数据进行占有、管理、控制、利用和保护的权力。数据主权原则对内体现为一个国家对其政权管辖地域内任何数据的生成、传播、处理、分析、利用和交易等拥有最高权力，对外表现为国家有权决定以何种程序、何种方式参与到国际数据活动中，并有权采取必要措施保护数据权益免受其他国家侵害。

（二）数据保护原则

数据保护原则的主旨是确认数据为独立的法律关系客体，奠定构建数据规则的制度基础。在这一原则之下，数据的法律性质和法律地位得以明确，从而使数据成为一种独立利益而受到法律的确认和保护。具体而言，数据保护原则包含两个方面的含义：第一，数据不是人类的共同财产，数据的权属关系应该受到法律的调整，法律须确认权利人对数据的权利；第二，数据应该由法律进行保护，数据的流通过程须受到法律的保护，规范合理的数据流通不但能够确保数据的合理使用，还能够促进数据的再生和再利用。

（三）数据自由流通原则

数据自由流通原则是指法律应该确保数据作为独立的客体能够在市场上自由流通，而不对数据流通给予不必要的限制。这一原则的含义主要体现在以下两个方面：一是促进数据自由流通，数据作为一种独立的生产要素，只有充分流通起来，才能够促进社会生产力的发展；二是反对数据垄断，对于那些利用数据技术阻碍数据自由流通的行为，应该予以坚决抵制。为了确保数据共享的顺利实现，要积极贯彻落实数据自由流通原则，如果数据自由流通受限，使数据的获取和使用出现严重的地区差异，会影响数据在全球范围内的自由共享。因此，为实现数据共享，要坚持数据自由流通原则，加强政府对数据共享的宏观控制能力，在数据共享的发展战略上保持适度超前的政策管理，建立促进数据共享的政策法规制度，加强信息技术的共享。

（四）数据安全原则

数据安全原则是指通过法律机制来保障数据的安全，以免数据面临遗失、不法接触、毁坏、利用、变更或泄露的危险。从安全形态上讲，数据安全包括数据存储安全和数据传输安全。从内容上讲，数据安全可分为信息网络的硬件和软件的安全、数据系统的安全和数据系统中数据的安全。从主体角度看，数据安全可以分为国家数据安全、社会数据安全、企业数据安全和个人数据安全。具体而言，数据安全原则包括以下几方面含义：第一，保障数据的真实性和完整性，既要加强对静态存储的数据的安全保护，使其不被非授权访问、篡改和伪造，也要加强对数据传输过程的安全保护，使其不被中途篡改、不发生丢失和缺损等；第二，保障数据的安全使用，数据及其使用必须具有保密性，禁止任何机构和个人的非授权访问，仅为取得授权的机构和个人所获取和使用；第三，以合理的安全措施保障数据系统具有可用性，可以为确定合法授权的使用者提供服务。

知识拓展

中国信息通信研究院大数据安全相关报告

中国信息通信研究院近几年发布的大数据安全相关报告，全面且深入地剖析了大数据安全领域的关键问题。从过往报告来看，其主要涵盖以下几个核心板块：

（1）安全现状与趋势分析：对大数据安全的整体态势进行梳理，阐述大数据在当今数字化浪潮下的广泛应用，以及随之而来的安全威胁形势变化。例如，报告可能指出，随着大数据在金融、医疗、政务等多领域的深度渗透，数据泄露、数据滥用等风险事件的发生频率和影响范围呈现增长趋势。同时，报告也会分析新兴技术，如人工智能与大数据融合过程中产生的新安全隐患，如大模型应用引发的数据隐私与安全问题。

（2）面临的大数据安全挑战：从多个维度揭示大数据安全面临的难题。在数据层面，数据的海量性和多样性使得数据分类分级难度增大，难以精准识别敏感数据；在平台层面，大数据平台架构复杂，开源组件众多，存在大量安全漏洞，易遭受黑客攻击，如常见的分布式拒绝服务（Distributed Denial of Service，DDoS）攻击、SQL 注入攻击等；在人员与管理层面，企业内部员工安全意识参差不齐，权限管理不当可能导致内部数据泄露，且不同部门之间的数据共享与协作也存在安全管控难题。

（3）关键技术解析：详细介绍大数据安全的关键技术及应用。数据加密技术是保障数据在传输和存储过程中保密性的重要手段，如采用同态加密、多方安全计算等新型加密技术，在保护数据隐私的同时实现数据的计算和分析；访问控制技术通过制定精细的权限策略，确保只有授权用户才能访问特定数据，如基于角色的访问控制（Role-Based Access Control，RBAC）、基于属性的访问控制（Attribute-Based Access Control，ABAC）等模型；数据脱敏技术对敏感数据进行变形处理，如对身份证号、手机号等进行部分隐藏，使数据在可用的同时保护个人隐私。

（4）产业生态与实践案例：分析大数据安全产业的生态格局，包括各类大数据安全产品和服务提供商的分布、市场份额等。同时，分享不同行业在大数据安全方面的实践案例，如某金融机构通过构建大数据安全态势感知平台，实时监测网络流量和数据访问行为，及时发现并阻止异常访问，保障金融交易数据的安全；某政务部门利用数据水印技术，对共享数据进行标记，防止数据被非法传播和篡改。

（5）政策法规与标准解读：解读国家和地方出台的大数据安全相关政策法规，如《中华人民共和国数据安全法》《中华人民共和国个人信息保护法》等对企业数据安全管理的要求，以及行业标准规范，如数据安全风险评估标准、数据分类分级标准等，指导企业如何依据法规和标准完善自身的安全管理体系。

二、大数据安全保护对策

大数据时代，可以从以下几个方面加强数据安全与隐私保护。

（一）从国家法治层面进行管控

目前，我国涉及数据安全和隐私保护的法律法规有《中华人民共和国网络安全法》《中华人民共和国数据安全法》《中华人民共和国个人信息保护法》。《网络数据安全管理条例》已经 2024 年 8 月 30 日国务院第 40 次常务会议通过，自 2025 年 1 月 1 日起施行。从国家法治层面来讲，为顺应大数据时代发展趋势，国家还需要进一步细化和完善对个人信息安全的立法，出台相应的细化标准与措施。

（二）从企业端进行遏制

企业是个人数据收集、存储、使用、传播的主体，因此要从企业端进行遏制、规范。除了要遵循国家法律法规的约束之外，企业应积极采取措施加强和完善对个人数据的保护，不能过度收集个人数据，避免因个人数据的不当使用和泄露而对多方造成损失。

（三）提高个人防护意识

生活在大数据时代的每一个人，都应该主动学习大数据方面的知识，了解大数据时代可能会存在的关于个人隐私泄露的风险，从而学会如何去保护自己的隐私数据不被泄露，同时要加强个人日常生活中的安全意识。例如，在公开网站平台填写信息时，避免用真名或拼写，非必要时不要在线填表，联系方式尽量用邮箱代替手机号码；在不必要的情况下记得关闭软件定位；不要在社交媒体上随意公开自己及家人的隐私信息，以及不点击浏览不知名的网站、不随意下载来历不明的应用软件；等等。这些个人信息的防范措施，相信可以让信息最大限度地得到有效的保护。

2020 年 6 月，由人民网·人民数据（国家大数据灾备中心）和中国经济体制改革研究会互联网与新经济专业委员会合作撰写的《大数据风控与权益保护研究报告》在北京发布。本次总结报告写道："互联网、大数据、人工智能具有改变世界的巨大能量，如果这种能量脱离人类文明的规范，也会带来巨大的伤害。"我们需要警惕在社会治理中对大数据的过度攫取和应用，也需要制止商家利用大数据"杀熟"等不当竞争行为。2020 年，中央密集部署加快"新基建"进度，产业互联网建设提速。如果说在消费互联网时代，大数据安全侧重保护消费者个人权益，那么产业互联网时代涉及能源、交通、金融等社会经济的命脉，数据安全有任何闪失，都可能是一场灾难。因此，研究大数据应用的法律边界和利益相关方的权益保护，具有特别重要的意义和紧迫性。

经典案例

大数据安全典型案例

大数据安全是指在大数据的采集、存储、处理和传输过程中，对数据进行保护和防护，以确保数据的完整性、可用性、保密性和可靠性。随着大数据的快速发展，大数据安全问题成为亟待解决的重要问题。下面列举了 10 个典型的大数据安全案例。

1. 个人隐私数据泄露

在大数据时代，个人隐私数据成为最宝贵的资产之一。然而，由于数据泄露事件的频发，很多个人隐私数据被非法获取和利用。例如，2018 年某酒店集团数据泄露事件中，近 5 亿条公民个人信息遭内部人员窃取并贩卖，犯罪分子利用这些数据实施精准诈骗，直接推动公安部开展全国性数据安全专项整治行动。

2. 数据篡改

大数据中的数据篡改是指对于已经存储的数据进行恶意修改，从而导致数据的不完整或虚假。例如，银行系统中的数据篡改可能导致账户余额错误或交易记录被篡改。

3. 数据丢失

大数据系统中的数据丢失是指数据在存储、传输或处理过程中意外丢失或损坏。数据丢失可能会导致业务中断、损失巨大。例如，2017 年的 WannaCry 勒索病毒软件攻击，导致许多机构和企业的数据被加密，无法正常使用。

4. 数据滥用

大数据中的数据滥用是指未经授权的个人或组织利用大数据进行商业和非商业活动，可能导致用户权益受损。例如，一些公司未经用户同意，将用户的个人信息用于广告推送等商业目的。

5. 数据泄露

大数据系统中的数据泄露是指未经授权的个人或组织获取到重要的敏感数据。例如，2014 年美国零售商 Target 遭受的数据泄露事件，导致超过 1 亿用户的信用卡信息被窃取。

6. 数据备份不完善

大数据系统中的数据备份是保障数据可用性和恢复能力的重要手段。然而，如果数据备份不完善或不及时更新，一旦发生数据丢失或系统故障，将无法及时恢复数据。例如，2022 年阿里云香港数据中心因备份切换失效引发大规模服务中断，致使未配置异地容灾的客户数据无法及时恢复，相关企业被工信部约谈整改。

7. 数据访问控制不严格

大数据系统中的数据访问控制是保护数据安全的重要措施。然而，如果数据访问控制不严格，那么未经授权的人员可能获取到敏感数据。例如，2013 年美国国家安全局某雇员泄露了大量机密文件，揭露了美国政府的网络监控行为。

8. 数据传输安全漏洞

大数据系统中的数据传输安全漏洞是指在数据传输过程中，未经授权的个人或组织可能获取到数据。例如，不安全的 Wi-Fi 网络可能导致数据在传输过程中被窃取。

9. 数据安全合规问题

大数据系统中的数据安全合规问题是指在数据处理、存储和传输过程中，未能符合相关的法律法规和行业标准。例如，一些公司在处理个人隐私数据时未能遵守相关的数据保护法规，导致出现数据安全问题。

10. 数据存储安全漏洞

大数据系统中的数据存储安全漏洞是指在数据存储过程中，未经授权的个人或组织可能获取到数据。例如，云存储服务商的数据存储安全漏洞可能导致用户的数据被非法获取。

大数据安全面临着诸多挑战和风险。为了保护大数据的安全，我们需要采取一系列安全措施，包括强化数据加密、完善访问控制、建立安全审计和监控机制等。只有通过采取全方位的安全保护措施，才能确保大数据的安全和可靠。

项目小结

人类进入大数据时代，数据安全问题开始引起广泛关注。大数据安全问题不仅关系到公民的个人隐私，更关系到社会安全甚至国家安全。大数据时代，数据量更大，安全风险更多，一旦发生安全问题，带来的后果更加严重。本项目从大数据安全的重要性切入，讲述了大数据安全问题分类、大数据安全的新特征及大数据安全技术等大数据安全的基本知识。在大数据安全保护方面，本项目给出了四大基本原则，包括数据主权原则、数据保护原则、数据自由流通原则和数据安全原则，并给出了大数据安全保护对策。

实训练习

应知考核

一、单项选择题

1. 从主体角度看，数据安全可以分为（　　）、社会数据安全、企业数据安全和个人数据安全。

A. 数据存储安全　　B. 社会数据安全　　C. 国家数据安全　　D. 硬件安全

2. 下列不属于个人信息安全问题的是（　　）。

A. 个人信用信息　　B. 个人健康信息　　C. 个人位置信息　　D. 军事数据

3. 下列不属于国家信息安全问题的是（　　）。

A. 个人身份数据　　B. 国防建设数据　　C. 军事数据　　D. 外交数据

4. 平台安全管理包括平台组件的安全配置、资源安全调度和（　　）等内容。

A. 传输交换　　B. 存储安全　　C. 补丁管理　　D. 管理安全

5.（　　）作为最底层、最基础的组件，为在平台上运行的数据和应用提供安全保障机制。

A. 大数据平台安全　B. 存储安全　　C. 补丁管理安全　　D. 管理安全

6.（　　）是指利用去标识化、匿名化、密文计算等技术保障个人数据在平台上处理、流转的过程中不泄露个人隐私或个人秘密。

A. 数据分类　　B. 隐私保护安全　　C. 数据质量管理　　D. 元数据管理

7.（　　）是用某种特殊的算法改变原有的信息数据使其不可读或无意义，使未授权用户获得加密后的信息，因不知解密的方法而仍无法了解信息的内容。

A. 数据加密技术　B. 身份认证技术　C. 访问控制技术　D. 安全审计技术

8.（　　）是指防止对任何资源进行未授权的访问，从而使计算机系统在合法的范围内使用。

A. 数据加密技术　B. 身份认证技术　C. 访问控制技术　D. 安全审计技术

9.（　　）是指对敏感数据通过脱敏规则进行变形从而实现对敏感数据保护的过程。

A. 数据加密技术　B. 恢复与销毁技术　C. 访问控制技术　D. 数据脱敏技术

10.（　　）是大数据保护的首要原则。

A. 数据保护原则　B. 数据主权原则

C. 数据自由流通原则　D. 数据安全原则

二、多项选择题

1. 下列情况属于个人信息安全问题的有（　　）。

A. 个人信息　B. 个人信用　C. 个人位置信息　D. 电子邮件

2. 中国信息通信研究院将大数据安全技术体系分为 3 个层次：（　　）。

A. 大数据平台安全　B. 数据管理安全　C. 隐私保护安全　D. 财产保护安全

3. 大数据平台安全主要包括（　　）。

A. 基础设施安全　B. 传输交换安全　C. 存储安全　D. 平台管理安全

4.（　　）是大数据平台安全运行的基础。

A. 物理安全　B. 网络安全　C. 虚拟化安全　D. 计算安全

5. 数据管理安全包括（　　）。

A. 数据分类与分级　B. 元数据管理　C. 数据质量管理　D. 数据加密

6. 隐私保护安全是指利用（　　）等技术保障个人数据在平台上处理、流转的过程中不泄露个人隐私或个人秘密。

A. 去标识化　B. 虚拟化处理　C. 匿名化　D. 密文计算

7. 下列属于身份认证技术的有（　　）。

A. 使用口令　B. 使用指纹　C. 使用智能卡　D. 使用笔记

8. 按照审计对象的不同，安全审计分为（　　）。

A. 系统级审计　B. 应用级审计　C. 用户级审计　D. 物理访问审计

9. 大数据安全保护的基本原则包括（　　）。

A. 数据主权原则　B. 数据保护原则

C. 数据自由流通原则　D. 数据安全原则

10. 从安全形态上讲，数据安全包括（　　）。

A. 数据存储安全　B. 社会数据安全　C. 数据传输安全　D. 企业数据安全

三、判断题

1. 在大数据时代，数据流动与否不影响数据的价值。（　　）

2. 对个人而言，其在享受大数据带来的便利的同时也应重视大数据的隐私保护。(　　)

3. 大数据将成为国家之间博弈的新战场。(　　)

4. 大数据作为一种新型技术手段，不需要与工业、制造业等产业进行结合，就能产生出巨大的效能。(　　)

5. 存储安全是指对平台中的数据设置备份与恢复机制，采用数据访问控制机制来防止数据的越权访问。(　　)

6. 大数据安全中隐私保护仅指保护个人隐私权，不包括在收集和使用个人信息时保障数据主体的信息自决权。(　　)

7. 数据加密技术是用某种特殊的算法改变原有的信息数据使其不可读或无意义，使未授权用户获得加密后的信息，因不知解密的方法而仍无法了解信息的内容。(　　)

8. 在大数据环境下，不需要对数据资产安全进行分类与分级。(　　)

9. 加密建立在对信息进行数学编码和解码的基础上，是保障数据机密性最常用也是最有效的一种方法。(　　)

10. 数据脱敏技术是指对敏感数据通过脱敏规则进行变形从而实现对敏感数据进行保护的过程。(　　)

11. 数据主权原则是大数据安全保护的首要原则。(　　)

12. 大数据安全保护对策应该只从国家法治层面进行管控。(　　)

应会考核

1. 阐述大数据安全保护的基本原则。

2. 阐述大数据在当下具备的新特征。

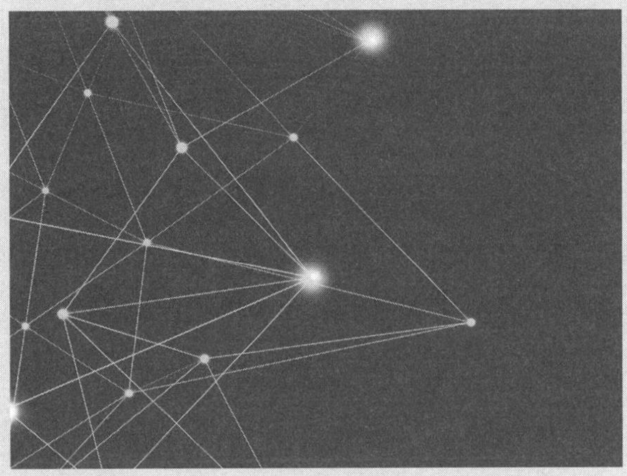

项目七

大数据与新一代信息技术的融合应用

知识目标

- 理解云计算的概念及应用
- 了解物联网的概念及应用，了解物联网产业
- 熟悉人工智能的概念及应用
- 熟悉大数据及人工智能等新一代信息技术相关产业的发展
- 了解人工智能与大数据的关系
- 熟悉数字货币的概念及发展历程，了解数字货币存在的问题
- 熟悉区块链的概念、起源，了解区块链技术的应用及核心原理

能力目标

- 掌握云计算的类型及特征
- 掌握物联网的四层体系结构、功能，以及物联网的特征及关键技术
- 掌握人工智能的分类、关键技术
- 掌握数字货币的特征、类型
- 掌握区块链的特征

素质目标

- 具备迅速适应大数据时代下新一代信息技术的创新能力

任务一
云计算

一、云计算的概念

云计算是分布式计算技术的一种，它的原理是通过网络“云”，将所运行的庞大的数据计算处理程序分解成无数个小程序，再交由计算资源共享池进行搜寻、计算及分析后，将处理结果回传给用户。

云连接着网络的另一端，为用户提供了可以按需获取的弹性资源和架构。用户按需付费，从云上获得需要的计算资源，包括存储、数据库、服务器、应用软件及网络等，大大降低了使用成本。

二、云计算的类型

并非所有云计算都是相同的，也并非一种云计算适合所有人。不同类型的云计算可以提供满足不同需求的解决方案。

（1）从部署云计算方式的角度出发，云计算可以分为 3 类。

公有云：公有云通常指第三方提供商提供给用户使用的云。公有云一般可通过互联网使用。阿里云、华为云、腾讯云和百度云等是公有云的应用实例，所有硬件、软件及其他基础架构均由云提供商拥有和管理。

私有云：私有云是为一个客户单独使用而构建的云。私有云所有的计算资源只面向一个组织开放。这种方式下资源独占，安全性更高，因而能提供对数据、安全性和服务质量的最有效控制。使用私有云的公司拥有基础设施，并可以控制在此基础设施上部署应用程序的方式。

混合云：混合云是公有云和私有云这两种部署方式的结合。出于安全和控制原因，企业中并非所有的信息都能放置在公有云上。因此，大部分已经应用云计算的企业将会使用混合云模式。例如，平时业务不多时，使用私有云资源，但当到了业务高峰期时，临时租用公有云资源。这是一种节省成本和保证安全的折中方案。

（2）从所提供服务类型的角度出发，云计算可以分为 3 类。

基础设施即服务（IaaS）：是最底层的硬件资源，主要包括 CPU（计算资源）、硬盘（存储资源）、网卡（网络资源）等。优点：无须投资自己的硬件，对基础架构进行按需扩展以支持动态工作负载，可根据需要提供灵活、创新的服务。

平台即服务（PaaS）：比基础设施即服务要高级一些，当人们不打算直接使用 CPU、硬盘、网卡时，希望有人将操作系统（如 Windows、Linux）装好，将数据库软件装好，然后再来使用。优点：开发应用程序使其更快地进入市场，在几分钟内将新 Web 应用程序部署到云中，通过中间件即服务降低复杂性。

软件即服务（SaaS）：比平台即服务更高级一些，不但装好了操作系统这些基本的软件，还把具体的应用软件装好了，如 FTP 服务端软件、在线视频服务端软件等，由此人们可以直接使用服务。优点：可以方便、快捷地使用创新的商业应用程序，可以从任何连接其中的计算机上访问应用程序和数据，如果计算机被损坏，数据也不会丢失，因为数据存储在云中。

三、云计算的特征

（一）可扩展性

云计算中，物理或虚拟资源能够快速地水平扩展，具有强大的弹性，通过自动化供应，可以达到快速增减资源的目的。云服务客户可以通过网络，随时随地获得无限多的物理或虚拟资源。

使用云计算的客户不用担心资源量和容量规划，如果需要，客户可以方便、快捷地获取新的、服务协议范围内的无限资源。资源的划分、供给仅受制于服务协议，不需要通过扩大存储量或增加带宽来维持，这样就降低了获取计算资源的成本。

（二）超大规模

云计算中心具有相当大的规模，很多提供云计算的公司的服务器数量达到了几十万、几百万的级别。而使用私有云的企业一般拥有成百上千台服务器。云能整合这些数量庞大的计算机集群，为用户提供前所未有的存储能力和计算能力。

（三）虚拟化

当用户通过各种终端提出应用服务的获取请求时，该应用服务在云的某处运行，用户不需要知道具体运行的位置以及参与的服务器的数量，只需要获取请求的结果就可以了。这有效地减少了云服务用户和提供者之间的交互，简化了应用的使用过程，降低了用户的时间成本和使用成本。

云计算通过抽象处理过程，对用户屏蔽了处理复杂性。对用户来说，他们仅知道服务在正常工作，并不知道资源是如何被使用的。资源池化将维护等原本属于用户的工作，移交给了提供者。

（四）按需服务

不需要额外的人工交互或者硬件的投入，用户就可以随时随地获得需要的服务。用户按需获取服务，并且仅为使用的服务付费。云计算的计算资源，可以按需付费。用户想要用多少，就租多少，配置是支持自定义的。如果用户后期因为业务增长，需要更好的配置，则可以加钱购买更多的资源。

增加资源的过程，基本上是平滑升级，尽可能减小对业务的影响，也不需要进行业务迁移。就像你现在用的计算机，硬盘从 1 TB 升级到 2 TB，下个订单安装上就完成了，不需要换机，甚至不需要重启系统。

这种虚拟化软件调度中心可以提高效率并避免浪费，类似人们在家里吃饭，想吃各式各样的饭菜，就需要买各种餐具以及食材，这样会造成餐具的空闲和饭菜的浪费；而云计算就像是吃自助餐，无须自己准备食材和餐具，需要多少取多少，想吃什么取什么，按需服务，按需收费。

云计算服务通过可计量的服务交付来监控用户服务使用情况并计费。云计算为用户带来的主要价值是将用户从低效率和低资产利用率的业务模式中抽离出来，进入高效模式。

（五）高可靠性

首先，云计算的海量资源可以便捷地提供冗余；其次，构建云计算的基本技术之一——虚拟化，可以将资源和硬件分离，当硬件发生故障时，可以轻易地将资源迁移、恢复。

而在软硬件层面，采用数据多副本容错、计算机节点同构等方式，在设施、能源制冷和网络连接等方面采用冗余设计。同时，为了消除各种突发情况，诸如电力故障、自然灾害等对计算机系统的损害，需要在不同地理位置建设公有云数据中心，从而消除一些可能的单点故障。

云计算系统所使用的成熟的部署、监控和安全等技术，进一步确保了服务的可靠性。

（六）网络接入广泛

云计算使用者可以通过各种客户端设备，如手机、平板电脑、笔记本电脑等，在任何网络覆盖的地方，方便地访问云计算服务方提供的物理资源以及虚拟资源。

四、云计算的应用

云计算是当前最火爆的三大技术领域之一，其产业规模增长迅速，应用领域也在不断扩展，从政府应用到民生应用，从金融、交通、医疗、教育领域到创新制造等，全行业延伸拓展。以下是云计算的 4 个比较典型的应用场景。

（一）云存储技术

云存储是云计算技术的一个延伸和应用，它是一个远程平台，通过存储虚拟化、分布式文件系统、底层对象化等技术，利用应用软件将网络中的海量存储设备集合起来，协同工作，共同构成一个向外提供可扩展存储资源的系统。对于用户来说，云存储并不是一种设备，而是一种由海量服务器和存储设备提供的数据服务。

通过各种网络接口，用户可以访问云存储服务并使用其中的存储、备份、访问、归档、检索等功能，大大方便了对数据资源进行管理。同时，用户仅需按其使用的存储量付费，无须进行存储设备的检测和维护。

云存储环境的可用性强、速度快、可扩展性强。云存储可以解决本地存储管理缺失问题，降低数据丢失率，提供高效便捷的数据存储和管理服务。

（二）开发测试云

开发测试云可以解决开发中的一些问题，通过构建一个个异构的开发测试环境，利用云计算的强大算力进行应用的压力测试，适合于对开发和测试需求多的企业和机构。通过友好的网页界面，开发测试云可以解决开发测试过程中的各种难题。

（三）大规模数据处理云

大规模数据处理云通过在云计算平台上运行数据处理软件和服务，充分利用云计算的数据存储能力和处理能力，处理海量数据。它可以帮助企业通过数据分析迅速发现商机，从而针对市场做出迅捷、准确的决策。

（四）杀毒云

杀毒云是安置了强大的杀毒软件的云，通过云中存储的庞大病毒特征库并利用云强大的数据处理能力，分析数据中是否含有病毒。如果在数据中发现疑似病毒，就将有嫌疑的数据上传至云进行检测并处理。杀毒云可以准确、迅速地发现病毒，捍卫用户计算机的安全。

任务二
物联网

一、物联网的概念

物联网，顾名思义，就是一个将所有物体连接起来而形成的物物相连的互联网。物联网作为新技术，其定义千差万别。目前，一个被大家普遍接受的定义为：物联网是通过使用射频识别阅读器、传感器、红外感应器、全球定位系统、激光扫描器等信息采集设备或系统，按约定的协议把任何物品与互联网连接起来，进行通信和信息交换，以实现智能化识别、定位、跟踪、监控和管理的一种网络或系统。

物联网是物物相连的互联网，是互联网的延伸，它利用局部网络或互联网等通信技术将传感器、控制器、机器、人员和物等通过新的方式连在一起，形成人与物、物与物相连，实现信息化和远程管理控制。在物联网中，一个牙刷、一条轮胎、一座房屋甚至一张纸巾都可以作为网络的终端，即世界上的任何物品都能连入网络。物与物之间的信息交互不再需要人工干预，物与物之间可实现无缝、自主、智能的交互。换句话说，物联网是以互联网为基础，主要解决人与人、人与物、物与物的互联和通信问题。

从技术架构上来看，物联网可以分为四层体系结构，即感知控制层、数据传输层、数据处理层和应用决策层，如图 7－1 所示。

（1）感知控制层。感知控制层是物联网发展和应用的基础，包括条形码识别器、各种类型的传感器（如温湿度传感器、视频传感器、红外探测器等）、智能硬件（如电表、空调等）和网关等。各种传感器通过感知目标环境的相关信息，自行组网以将信息传递到网关接入点，网关再将收集到的数据通过数据传输层提交到数据处理层进行处理。数据处理结果可以反馈到感知控制层，作为实施动态控制的依据。

（2）数据传输层。数据传输层负责接收感知控制层传来的数据，并将其传输到数据处理层，随后将数据处理结果再反馈回感知控制层。数据传输层包括各种网络与设备，如短距离无线网络、移动通信网络、互联网等，并可实现不同类型网络间的融合，以及物联网感知与控制数据的高效、安全和可靠传输。此外，数据传输层还提供路由、格式转换、地址转换等功能。

图 7－1　物联网体系结构图

（3）数据处理层。数据处理层可进行物联网资源的初始化，监测物联网资源的在线运行状况，协调多个物联网资源（如计算资源、通信设备和感知设备等）之间的工作，实现跨域资源间的交互、共享与调度，实现感知数据的语义理解、推理、决策以及数据的查询、存储、分析与挖掘等。数据处理层利用云计算（Cloud Computing）、大数据（Big Data）和人工智能（Artificial Intelligence，AI）等技术，实现感知数据的高效存储与深度分析。

（4）应用决策层。应用决策层利用经过分析处理的感知数据，为用户提供多种不同类型的服务，如检索、计算和推理等。物联网的应用可分为监控型（物流监控、污染监控）、控制型（智能交通、智能家居）、扫描型（手机钱包、高速公路不停车收费）等。应用决策层可针对不同类别的应用，制定与之相适应的服务内容。

每层的具体功能见表 7-1。

表 7-1　物联网体系结构功能表

层次	功能
感知控制层	如果把物联网系统比喻为一个人体，那么，感知控制层就好比人体的神经末梢，用来感知物理世界，采集来自物理世界的各种信息。这个层包含大量的传感器，如温度传感器、湿度传感器、压力传感器、加速度传感器、重力传感器、气体浓度传感器、二维码标签、RFID 标签和读写器、摄像头、GPS 设备等
数据传输层	数据传输层相当于人体的神经中枢，起到信息传输的作用。数据传输层包含各种类型的网络，如互联网、移动通信网络、卫星通信网络等
数据处理层	数据处理层相当于人体的大脑，起到存储和处理的作用，包括数据存储、管理和分析平台
应用决策层	应用决策层直接面向用户，满足各种应用需求，如智能交通、智慧农业、智慧医疗、智能工业等

这里给出一个简单的智能公交实例来加深对物联网概念的理解。目前，很多城市居民的智能手机中都安装了“掌上公交”App，可以用手机随时随地查询每辆公交车的当前位置信息，这就是一种非常典型的物联网应用。在智能公交应用中，每辆公交车都安装了 GPS 定位系统和 4G/5G 网络传输模块，在车辆行驶过程中，GPS 定位系统会实时采集公交车当前位置信息，并通过车上的 4G/5G 网络传输模块发送给车辆附近的移动通信基站，经由电信运营商的 4G/5G 移动通信网络传送到智能公交指挥调度中心的数据处理平台，平台再把公交车位置数据发送给智能手机用户，用户的“掌上公交”App 就会显示出公交车的当前位置信息。这个应用实现了“物物相连”，即把公交车和手机这两个物体连接在一起，让手机可以实时获得公交车的位置信息，进一步讲，实际上也实现了“物与人的连接”，让手机用户可以实时获得公交车的位置信息。在这个应用中，安装在公交车上的 GPS 定位系统就属于物联网的感知控制层，安装在公交车上的 4G/5G 网络传输模块以及电信运营商的 4G/5G 移动通信网络属于物联网的数据传输层，智能公交指挥调度中心的数据处理平台属于物联网的数据处理层，智能手机上安装的“掌上公交”App 属于物联网的应用决策层。

二、物联网的特征

从物联网的定义和体系结构可以看出，物联网的核心功能包括信息（数据）的感知、传输和处理。因此，为了保证能高效工作，物联网应具备三个特征：全面感知、可靠传递、智能处理。

（一）全面感知

“感知”是物联网的核心。物联网是由具有全面感知能力的物品和人组成的。为了使物品具有感知能力，需要在物品上安装不同类型的识别装置，如电子标签、条形码、二维码等，与此同时，可以通过温湿度传感器、红外感应器、摄像头等识别设备感知其物理属性和个性化特征。利用这些装置或设备，人们可以随时随地获取物品信息，实现全面感知。

（二）可靠传递

数据传递的稳定性和可靠性是保证物物相连的关键。由于物联网是一个异构网络，不同实体间的协议格式可能存在差异，因此需要通过相应的软、硬件进行协议格式转换，保证物品之间信息的实时、准确传递。为了实现物与物之间的信息交互，将不同传感器的数据进行统一处理，我们必须开发出支持多协议格式转换的通信网关。通过通信网关，各种传感器的通信协议被转换成预先约定的统一的通信协议。

（三）智能处理

物联网的目的是实现对各种物品和人进行智能化识别、定位、跟踪、监控和管理等功能。这就需要智能信息处理平台的支撑，通过云计算、人工智能等智能计算技术，对海量数据进行存储、分析和处理，针对不同的应用需求，对物品和人实施智能化的控制。

由此可见，物联网融合了各种信息技术，突破了互联网的限制，将物体接入信息网络，实现了“物物相连的互联网”。物联网支撑信息网络向全面感知和智能处理两个方向拓展、延伸和突破，从而影响着国民经济和社会生活的方方面面。

三、物联网的关键技术

物联网是物物相连的网络，通过为物体加装二维码、RFID 标签、传感器等，就可以实现物体身份的唯一标识和各种信息的采集，再结合各种类型的网络连接，就可以实现人和物、物和物之间的信息交换。因此，物联网中的关键技术包括射频识别技术、传感器技术、无线网络技术、数据挖掘与融合技术等，它们均是物联网的关键技术。

（一）射频识别技术

射频识别（Radio Frequency Identification，RFID）技术是一种简单的无线系统。谈到物联网，就不得不提到射频识别技术。它由一个询问器（或阅读器）和很多应答器（或标签）组成，实现让物品能够“开口说话”的功能，这就赋予了物联网一个可跟踪性的特性，人们可以随时掌握物品的准确位置及其周边环境。RFID 技术在生产和生活中得到了广泛的应用，大大推动了物联网的发展。常见的公交卡、门禁卡、校园卡等都嵌入了 RFID 芯片，可以实现迅速、便捷的数据交换。从结构上讲，RFID 是一种简单的无线通信系统，由 RFID 标签和 RFID 读写器两个部分组成。RFID 标签是由天线、耦合元件、芯片组成的，是一个能够传输信息、回复信息的电子模块；RFID 读写器是由天线、耦合元件、芯片组成的，用来读取（或者有时也可以写入）RFID 标签中的信息。RFID 使用

RFID读写器及可附着于目标物的RFID标签，利用频率信号将信息由RFID标签传送至RFID读写器。以公交卡为例，市民持有的公交卡就是一个RFID标签，公交车上安装的刷卡设备就是RFID读写器，当我们执行刷卡动作时，就完成了一次RFID标签和RFID读写器之间的非接触式通信和数据交换。

（二）传感器技术

在物联网中，传感器主要负责接收物品"讲话"的内容。传感器定义为将物理、化学、生物等信息变化按照某些规律转换成电参量（电压、电流、频率、相位、电阻、电容、电感等）变化的一种器件或装置。

传感器技术是从自然信源获取信息并对获取的信息进行处理、变换、识别的一门多学科交叉的现代科学与工程技术。它涉及传感器、信息处理和识别的规划设计、开发、制造、测试、应用及评价改进活动等内容。

（三）无线网络技术

物联网中物品要与人无障碍地交流，必然离不开高速、可进行大批量数据传输的无线网络。无线网络技术主要分为两类：一类是ZigBee、Wi-Fi、蓝牙、Z-Wave等短距离通信技术，另一类是LPWAN（Low-Power Wide-Area Network，低功耗广域网），即广域网通信技术。

（四）数据挖掘与融合技术

物联网中的数据挖掘与融合技术，是处理其特有的大规模、多源、动态数据，并从中提炼价值的关键。数据挖掘专注于从数据中发现隐藏的知识和模式；数据融合则致力于将分散、异构的数据整合成更优的整体信息。两者相辅相成，共同构成了物联网实现状态感知、智能分析、精准决策和自动控制的核心技术支柱，是物联网从"连接"走向"智能"的桥梁。理解并掌握这些技术，对于设计和部署真正有价值的物联网应用至关重要。

四、物联网的应用

物联网已经广泛应用于智能交通、智能医疗、智能家居、环保监测、智能安防、智慧物流、智慧农业、智能制造等领域，对国民经济和社会发展起到了重要的推动作用。

（一）智能交通

智能交通是物联网的一种重要体现形式，利用信息技术将人、车和路紧密地结合起来，改善交通运输环境、保障交通安全以及提高资源利用率。

物联网技术在交通领域的具体应用包括智能公交车、共享单车、车联网、充电桩监测、智能红绿灯以及智慧停车等。其中，车联网是近些年来各大厂商及互联网企业争相进入的领域。

（二）智能医疗

在智能医疗领域，新技术的应用必须以人为中心。而物联网技术是数据获取的主要途径，能有效地帮助医院实现对人和物的智能化管理。对人的智能化管理指的是通过传感器（主要指医疗可穿戴设备）对人的生理状态（如心跳频率、体力消耗、血压高低等）进行监测，将获取的数据记录到电子健康文件中，方便个人或医生查阅；对物的智能化管理指的是通过 RFID 技术对医疗设备、物品进行监控与管理，实现医疗设备、用品的可视化，主要表现为数字化医院。

（三）智能家居

人们可以利用物联网技术提升家居的安全性、便利性、舒适性、艺术性，并实现环保节能的居住环境。例如，你可以在工作单位通过智能手机远程开启家里的电饭煲、空调、门锁、窗帘和电灯等，家里的窗帘和电灯也可以根据时间和光线变化自动开启和关闭。

（四）环保监测

工作人员可以在重点区域放置监控摄像头或水质、土壤成分检测仪器，相关数据可以实时传输到监控中心，出现问题时立刻发出警报。

（五）智能安防

智能安防最核心的部分在于智能安防系统，该系统可对拍摄的图像进行传输与存储，并对其进行分析与处理。一个完整的智能安防系统主要包括三大部分，即门禁、报警和监控，行业应用中主要以视频监控为主。

（六）智慧物流

智慧物流指的是以物联网、大数据、人工智能等信息技术为支撑，在物流的运输、仓储、配送等各个环节实现系统感知、全面分析及处理等功能。

当前，智慧物流在物联网领域的应用主要体现在三个方面，即仓储、运输监测和快递终端，通过物联网技术实现对货物以及运输车辆的监测，包括货物车辆的位置、状态以及货物温湿度、油耗及车速等。物联网技术的使用能提高运输效率，提升整个物流行业的智能化水平。

（七）智慧农业

智慧农业指的是利用物联网、人工智能、大数据等现代信息技术与农业进行深度融合，实现农业生产全过程的信息感知、精准管理和智能控制的一种全新的农业生产方式，可实现农业可视化诊断、远程控制以及灾害预警等功能。物联网应用于农业主要体现在两个方面：农业种植和畜牧养殖。

农业种植是指人们通过传感器、摄像头和卫星等收集数据，实现农作物数字化和机械装备数字化（主要指的是农机车联网）发展，对其进行精准管理。人们利用温度传感器、湿度传感器和光线传感器，实时获得种植大棚内的农作物生长环境信息，远程控制大棚遮光板、通风口、喷水口的开启和关闭，让农作物始终处于最优生长环境，提高农作物的产量和品质。

畜牧养殖：智慧畜牧养殖系统采用条码标签（条形码、二维码）和 RFID 电子标签等识别技术、智能移动终端技术、大型数据库和 Web 技术以及 Android 应用开发技术等诸多相关移动互联网技术和物联网技术，充分利用现代信息化技术管理现代畜牧业。智慧畜牧养殖系统从农业养殖、收购、加工、运输、销售等各个环节的标识、识别、追踪和查询，到仓库、资产和企业信息等相关管理，实现了畜牧业重点核心业务的全面信息化、业务管理信息化、管理信息资源化和信息服务规范化，为畜牧企业提供了重要的信息化支撑和服务，使得企业的信息化水平跟得上企业的发展速度。智慧畜牧养殖系统以物联网关键技术应用为基础，利用条码技术和 RFID 技术对动物和物品进行标识，利用集成相关识别器的移动智能终端通过 Android 应用进行生产管理，并通过移动终端将数据发送到后台系统，以此实现生产移动办公化。

智慧畜牧养殖系统的主要流程如图 7－2 所示。

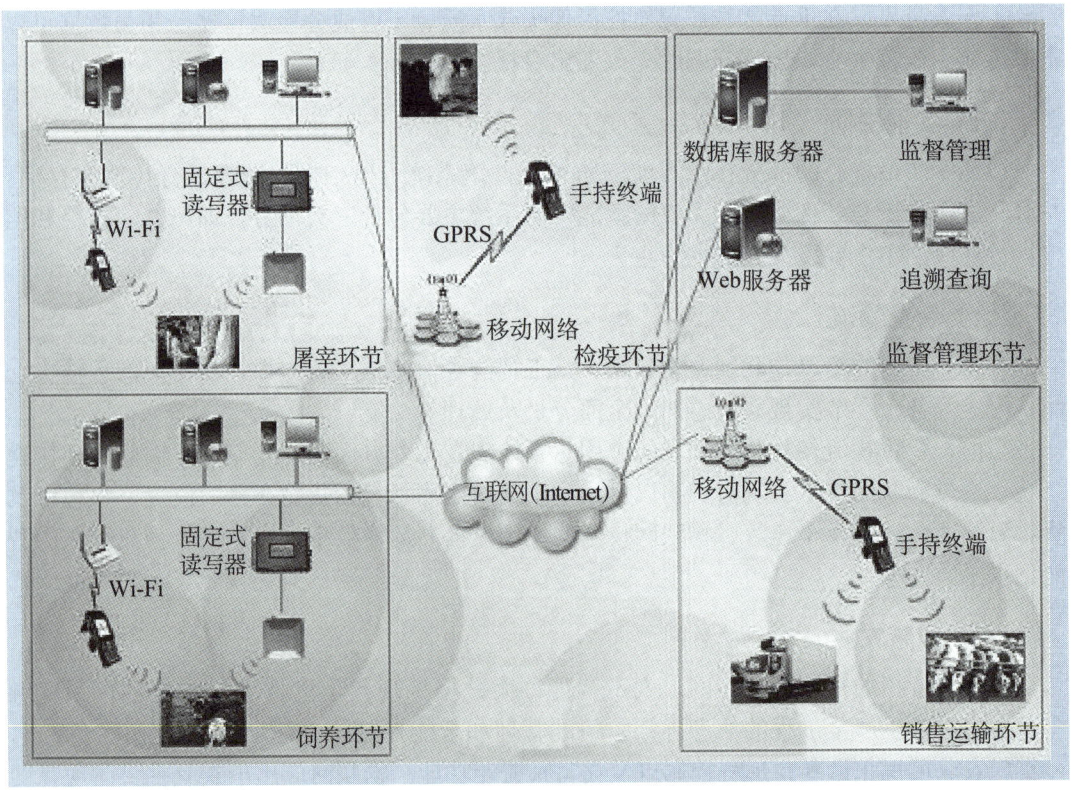

图 7－2　智慧畜牧养殖系统的主要流程

（八）智能制造

智能制造细分概念范围很广，涉及很多行业。制造领域的市场体量巨大，是物联网的一个重要应用领域，其主要体现在数字化和智能化的工厂改造上，包括对工厂机械设备的监控和对工厂环境的监控。

通过在设备上加装相应的传感器，设备厂商可以远程随时随地对设备进行监控、升级和维护等操作，更好地了解产品的使用状况，完成产品全生命周期的信息收集，指导产品设计和售后服务，而对厂房环境的监控主要表现在采集温湿度、烟感等信息。

五、物联网产业

完整的物联网产业链主要包括核心感应器件提供商、感知层末端设备提供商、网络提供商、软件与行业解决方案提供商、系统集成商、运营及服务提供商等环节。

（1）核心感应器件提供商：提供二维码、RFID 及读写机具、传感器、智能仪器仪表等物联网核心感应器件。

（2）感知层末端设备提供商：提供射频识别设备、传感系统及设备、智能控制系统及设备、GPS 设备、末端网络产品等。

（3）网络提供商：包括电信网络运营商、广电网络运营商、互联网运营商、卫星网络运营商和其他网络运营商等。

（4）软件与行业解决方案提供商：提供微操作系统、中间件、解决方案等。

（5）系统集成商：提供行业应用集成服务。

（6）运营及服务提供商：开展行业物联网运营及服务。

六、大数据、云计算和物联网的联系

大数据、云计算和物联网代表了 IT 领域最新的技术发展趋势，三者既有区别又有联系。云计算最初主要包含两类含义：一类是以谷歌的 GFS 和 MapReduce 为代表的大规模分布式并行计算技术，另一类是以亚马逊的虚拟机和对象存储为代表的“按需租用”的商业模式。但是，随着大数据概念的提出，云计算中的分布式计算技术开始更多地被列入大数据技术，而当人们提到云计算时，更多指的是底层基础 IT 资源的整合优化以及以服务的方式提供 IT 资源的商业模式（如 IaaS、PaaS、SaaS）。从云计算和大数据概念的诞生到现在，二者之间的关系非常微妙，既密不可分，又千差万别。因此，不能把云计算和大数据割裂开来作为截然不同的两类技术来看待。此外，物联网也是和云计算、大数据相伴相生的技术。下面总结一下三者的联系与区别。

第一，大数据、云计算和物联网的区别。大数据侧重于对海量数据的存储、处理与分析，从海量数据中发现价值，服务于生产和生活；云计算本质上旨在整合和优化各种 IT

资源并通过网络以服务的方式，廉价地提供给用户；物联网的发展目标是实现物物相连，应用创新是物联网发展的核心。

第二，大数据、云计算和物联网的联系。从整体上看，大数据、云计算和物联网这三者是相辅相成的。大数据根植于云计算，大数据分析的很多技术都来自云计算，云计算的分布式数据存储和管理系统（包括分布式文件系统和分布式数据库系统）提供了海量数据的存储和管理能力，分布式并行处理框架 MapReduce 提供了海量数据分析能力，没有这些云计算技术作为支撑，大数据分析就无从谈起。反之，大数据为云计算提供了“用武之地”，没有大数据这个“练兵场”，云计算技术再先进，也不能发挥它的应用价值。物联网的传感器源源不断地产生的大量数据，构成了大数据的重要数据来源。没有物联网的飞速发展，就不会带来数据产生方式的变革，即由人工产生阶段转向自动产生阶段，大数据时代也不会这么快就到来。同时，物联网需要借助于云计算和大数据技术，实现物联网大数据的存储、分析和处理。

可以说，云计算、大数据和物联网三者已经彼此渗透、相互融合，在很多应用场合都可以同时看到三者的身影。在未来，三者会继续相互促进、相互影响，更好地服务于社会生产和生活的各个领域。

七、AIGC 与人工智能

AIGC 即生成式人工智能（Artificial Intelligence Generated Content），是指利用人工智能技术自动生成内容的生产方式。AIGC 基于机器学习、深度学习等人工智能技术，通过对海量数据的学习，理解数据中的模式、规律和语义，从而根据给定的提示、指令或任务，生成全新的文本、图像、音频、视频等形式的内容。例如，常见的文本生成工具能撰写故事、新闻稿件，图像生成模型可根据文字描述绘制精美的画作，音乐生成程序能创作旋律独特的音乐作品等。

（一）AIGC 与人工智能的关系

AIGC 与人工智能紧密相关，存在多方面的内在联系。

1. 从属关系：AIGC 是人工智能的重要分支应用

人工智能是一个综合性的技术领域，涵盖机器学习、自然语言处理、计算机视觉、知识图谱等多个子领域，旨在让计算机具备人类般的智能，实现感知、学习、推理、决策等功能。而 AIGC 专注于人工智能在内容生成方向的应用，通过对人工智能技术的运用，实现内容的自动化创作，是人工智能技术落地的一个重要体现，极大地拓展了人工智能的实际应用范畴，丰富了人工智能的应用场景。

2. 技术支撑：人工智能为 AIGC 提供核心技术

机器学习是 AIGC 的核心技术支撑。深度学习中的神经网络模型，如 Transformer 架构，在自然语言处理和图像生成领域发挥着关键作用。Transformer 凭借其强大的注意力机制，能够在处理文本时更好地捕捉上下文语义信息，使语言生成模型生成的文本更加连贯、自然，符合人类语言表达习惯。在图像生成领域，生成式对抗网络（GAN）和变分自编码器（VAE）等深度学习模型，通过对抗训练或概率建模，让 AIGC 能够生成高度逼真的图像。这些人工智能算法赋予了 AIGC 学习和模仿人类创作的能力，使其从海量数据中汲取知识，进而生成高质量的内容。

3. 应用协同：二者在应用场景中相互协作

在众多实际应用场景中，AIGC 和人工智能相互配合，发挥各自优势。在内容创作行业，人工智能的自然语言处理技术可对大量文本数据进行分析，提取关键信息，进行情感分析、主题分类等预处理工作，为 AIGC 提供创作素材和方向指引。例如在新闻报道中，人工智能先对各类新闻源数据进行筛选和分析，提取核心事件要素，AIGC 则根据这些关键信息生成完整的新闻稿件，大大提高了新闻创作的效率。在智能客服领域，人工智能负责理解用户的自然语言提问，通过意图识别和语义理解，将用户问题转化为机器可处理的指令，AIGC 根据理解结果生成有针对性的回答内容，提升了客服的响应速度和服务质量。在艺术创作领域，人工智能可对不同艺术风格和流派的作品进行分析，提取风格特征和创作规律，AIGC 依据这些分析结果生成具有特定艺术风格的作品，如模仿知名画家风格的绘画作品，或是具有古典音乐风格的旋律等。

4. 面临共同挑战与应对策略

AIGC 和人工智能在发展过程中面临一些共同的挑战。数据隐私和安全问题是二者面临的重要挑战之一。AI 模型训练和 AIGC 内容生成都依赖大量的数据，这些数据中可能包含个人隐私信息、商业机密等敏感内容，一旦数据泄露，将对个人、企业和社会造成严重危害。同时，算法偏见也是一个不容忽视的问题。AI 算法和 AIGC 模型的训练数据可能存在偏差，导致模型在学习过程中产生偏见，进而使生成的内容或做出的决策存在不公平性。为应对这些问题，需要制定严格的数据管理规范和安全防护措施，加强数据加密、访问控制和安全审计，确保数据的安全存储和使用。对于算法偏见问题，需要优化数据采集和预处理过程，采用更加多样化和均衡的数据进行训练，同时建立算法审计和评估机制，及时发现和纠正算法中的偏见。此外，还需要构建完善的伦理和法律框架，规范 AIGC 和人工智能的应用和发展，引导其朝着符合人类价值观和社会利益的方向发展。

（二）AIGC 的应用

AIGC 在多领域有着丰富的应用，具体如下：

（1）内容创作领域：OpenAI 的 ChatGPT 可与用户进行对话，撰写论文大纲、小说故事、营销文案等。例如，用户输入“写一篇关于未来城市生活的科幻小说”，ChatGPT 能够快速生成一段富有想象力的文本，激发创作者灵感，也为文案撰写人员提供高效创作工具。

（2）设计领域：Midjourney 等图像生成工具能根据文本描述生成精美图像。例如，设计师输入“一个漂浮在宇宙中的梦幻城市，有绚丽灯光和奇特建筑”，Midjourney 会输出对应图像，辅助设计师快速将抽象概念具象化，也能为非专业人士提供简单的图像创作途径。

（3）教育领域：AIGC 可用于个性化学习辅助。智能辅导系统能根据学生学习情况生成专属学习计划、练习题和讲解内容。例如，学生在数学学习中遇到困难，系统通过分析其错题和学习进度，生成有针对性的知识点讲解和强化练习，帮助学生巩固知识。

（4）医疗领域：在医学影像分析中，AIGC 技术可协助医生进行诊断。例如，通过对大量医学影像数据的学习，AIGC 模型能生成模拟影像，帮助医生训练诊断技能，也可用于预测疾病发展趋势，辅助医生制定治疗方案。

（5）金融领域：AIGC 能生成市场分析报告和投资建议。通过对海量金融数据和市场动态的分析，AIGC 生成投资策略分析报告，为投资者提供参考，辅助金融机构进行风险评估和投资决策。

AIGC 作为人工智能在内容生成领域的创新应用，与人工智能相互依存、相互促进。人工智能为 AIGC 提供技术基础和发展动力，AIGC 则通过丰富的应用场景推动人工智能技术不断进步和完善，二者共同推动着数字化时代的创新发展，为社会带来更多的价值和变革。

任务三
人工智能

在计算机科学领域，人工智能是一种机器表现的行为，如图 7－3 所示，这种行为能以与人类智能相似的方式对环境做出反应并尽可能提高达成目的的概率。今天，人工智能技术已经进入我们的生活当中，无论是吃饭、睡觉，还是使用计算机、手机，几乎都离不开人工智能。

图 7－3　人工智能

一、人工智能的概念

人工智能（Artificial Intelligence，AI）亦称智械、机器智能，指由人制造出来的机器所表现出来的智能。通常，人工智能是指通过普通计算机程序来呈现人类智能的技术。

人工智能是计算机科学的一个分支，它试图了解该智能的实质并产生出一种新的能以与人类智能相类似的方式做出反应的智能机器。该领域的研究包括机器人、语言识别、图像识别、人类智能、自然语言处理和专家系统等。人工智能从诞生以来，理论和技术日益成熟，应用领域也不断扩大。可以设想，未来人工智能带来的科技产品，将会是人类智慧的“容器”。人工智能不是人的智能，但能像人那样思考，也可能超过人的智能。

人工智能是一门极富挑战性的学科，属于自然科学和社会科学的交叉学科，涉及哲学和认知科学、数学、神经生理学、心理学、计算机科学、信息论、控制论、不确定性论等。从事这项工作的人，必须懂得计算机知识、心理学和哲学等。总的说来，人工智能研究的一个主要目标是使机器能够胜任一些通常需要人类智能才能完成的复杂工作。

二、人工智能的分类

人工智能大体上可以分为 3 类：弱人工智能、强人工智能和超人工智能。

（1）弱人工智能（Weak AI），也被称为狭隘人工智能（Narrow AI）或应用人工智能（Applied AI），指的是只能完成某一项特定任务或者解决某一特定问题的人工智能。苹果公司的 Siri 就是一个典型的弱人工智能，它只能执行有限的预设功能。同时，Siri 目前还不具备智力或自我意识，它只是一个相对复杂的弱人工智能体。

（2）强人工智能（Strong AI），又被称为通用人工智能（Artificial General Intelligence）或全人工智能，指的是可以像人一样胜任任何智力性任务的智能机器。这样的人工智能是一部分人工智能领域研究的最终目标，并且也作为一个经久不衰的话题出现在许多科幻作品中。虽然强人工智能所需要拥有的智力水平并没有准确的定义，但人工智能研究人员认为强人工智能需要具备以下几点：思考能力，运用策略去解决问题，并且可以在不确定情况下做出判断；展现出一定的知识量；计划能力；学习能力；交流能力；利用自身所有能力达成目的的能力。

（3）超人工智能（Super Artificial Intelligence，SAI）。哲学家、牛津大学人类未来研究院院长尼克·波斯特洛姆（Nick Bostrom）把超级智能定义为“在几乎所有领域都大大超过人类认知表现的任何智力”。超人工智能正是超级智能的一种，能实现与人类智能等同的功能，即可以像人类智能实现生物上的进化一样，对自身进行重新编程和改进，这也就是“递归自我改进功能”。

三、人工智能的关键技术

人工智能包括 7 个关键技术：机器学习、知识图谱、自然语言处理、人机交互、计算机视觉、生物特征识别、VR/AR。

（一）机器学习

机器学习（Machine Learning）是一门涉及统计学、系统辨识、逼近理论、神经网络、优化理论、计算机科学、脑科学等诸多领域的交叉学科，研究计算机怎样模拟或实现人类的学习行为，以获取新的知识或技能。重新组织已有的知识结构使之不断改善自身的性能，是人工智能技术的核心。基于数据的机器学习是现代智能技术中的重要方法之一，研究从观测数据（样本）出发寻找规律，利用这些规律对未来数据或无法观测的数据进行预测。

机器学习强调三个关键词：算法、经验、性能。在数据的基础上，通过算法构建出模型并对模型进行评估。评估的性能如果达到要求，就用该模型来测试其他数据；如果达不到要求，就要调整算法来重新建立模型，再次进行评估。如此循环往复，最终获得满意的模型来处理其他数据。机器学习技术和方法已经被成功应用到多个领域，如个性推荐系统、金融反欺诈、语音识别、自然语言处理和机器翻译、模式识别、智能控制等。

（二）知识图谱

知识图谱（Knowledge Graph）又称为科学知识图谱，在图书情报界被称为知识域可视化或知识领域映射地图，是显示知识发展进程与结构关系的一系列不同的图形，用可视化技术描述知识资源及其载体，挖掘、分析、构建、绘制和显示知识及它们之间的相互联系。

现实世界中，很多场景非常适合用知识图谱来表达。例如，一个社交网络图谱里，既可以有“人”的实体，也可以包含“公司”实体。人和人之间可以是“朋友”关系，也可以是“同事”关系。人和公司之间可以是“现任职”或“曾任职”的关系。类似地，一个风控知识图谱可以包含“电话”“公司”等实体，电话和电话之间可以是“通话”关系，而且每个公司也会有固定的电话。

知识图谱可用于反欺诈、不一致性验证、组团欺诈等公共安全保障领域，需要用到异常分析、静态分析、动态分析等数据挖掘方法。特别地，知识图谱在搜索引擎营销、可视化展示和精准营销方面有很大的优势，已成为业界的热门工具。但是，知识图谱的发展还有很大的挑战，如数据的噪声问题，即数据本身有错误或者数据存在冗余。随着知识图谱应用的不断深入，还有一系列关键技术需要突破。

（三）自然语言处理

自然语言处理（Natural Language Processing）是计算机科学领域与人工智能领域中的一个重要方向。它研究能实现人与计算机之间用自然语言进行有效通信的各种理论和方法。自然语言处理是一门集语言学、计算机科学、数学于一体的科学。因此，这一领域的研究会涉及自然语言，即人们日常使用的语言，所以它与语言学的研究有着密切的联系，但又有重要的区别。自然语言处理并不是一般地研究自然语言，而在于研制能有效地实现自然语言通信的计算机系统，特别是其中的软件系统。

自然语言处理的应用包罗万象，如机器翻译、手写体和印刷体字符识别、语音识别、信息检索、信息抽取与过滤、文本分类与聚类、舆情分析和观点挖掘等。它涉及与语言处理相关的数据挖掘、机器学习、知识获取、知识工程、人工智能研究和与计算语言学相关的语言学研究等。

（四）人机交互

人机交互是一门研究系统与用户之间的交互关系的学科。系统既可以是各种各样的机器，也可以是计算机化的系统和软件。人机交互界面通常是指用户可见的部分。用户通过人机交互界面与系统交流，并进行操作。人机交互是与认知心理学、人机工程学、多媒体技术、虚拟现实技术等密切相关的综合学科。传统的人与计算机之间的信息交换主要依靠交互设备进行，主要包括键盘、鼠标、操纵杆、数据服装、眼动跟踪器、位置跟踪器、数据手套、压力笔等输入设备，以及打印机、绘图仪、显示器、头盔式显示器、音箱等输出设备。人机交互技术除了传统的基本交互和图形交互外，还包括语音交互、情感交互、体感交互及脑机交互等技术。

人机交互具有广泛的应用场景，例如，日本建成了一栋可应用“人机交互”技术的住宅，人们可以通过该装置，只用意念不用手就能自由操控家用电器。该住宅主要是为身体有残疾的人或老年人创造便捷的生活环境。用户头部戴着应用“人机交互”技术的特殊装置，该装置通过读取用户脑部血流的变化以及脑波变动数据实现无线通信。连接网络的计算机通过识别装置发来的无线信号向机器传输指令。目前此装置判断的准确率达70%～80%，且从人的意识出现开始最短6.5秒内机器就可识别。

（五）计算机视觉

计算机视觉（Computer Vision）是一门研究如何使机器“看”的科学，更具体地说，是用摄影机和计算机代替人眼对目标进行识别、跟踪和测量的机器视觉，并进一步对图像进行处理，使之成为更适合人眼观察或传送给仪器检测的图像。计算机视觉既是工程领域也是科学领域中一个富有挑战性的重要研究领域。计算机视觉是一门综合性的学科，它吸引了来自各个学科的研究者参加到对它的研究之中，其中包括计算机科学和工程、信号处理、物理学、应用数学、统计学、神经生理学、认知科学等。根据解决的问题，计算机视觉可分为计算成像、图像理解、三维视觉、动态视觉和视频编解码五大类。

计算机视觉研究领域已经衍生出一大批快速成长的、有实际作用的应用，举例如下。

（1）人脸识别：微信支付采用金融级人脸检测算法实现刷脸支付，覆盖超10亿用户；抖音通过动态人脸追踪技术驱动AR特效，日均调用量超百亿次。

（2）图像检索：百度识图支持以图搜图，通过多模态算法解析查询图像语义，在亿级图库中返回相似结果；淘宝利用商品识别技术，当用户拍照时即可匹配电商平台同款商品。

（3）游戏与控制：华为VR Glass结合计算机视觉实现高精度手势交互；大疆机甲大师S1教育机器人通过视觉识别路标与物体，支持青少年编程控制实战。

（4）监测：用于监测可疑行为的监视摄像头遍布于各大公共场所中。

（5）智能汽车：计算机视觉仍然是检测交通标志、灯光和其他视觉特征的主要信息来源。

（六）生物特征识别

在当今信息化时代，如何准确鉴定一个人的身份、保护信息安全，已成为必须解决的关键社会问题。传统的身份认证由于极易伪造和丢失，越来越难以满足社会的需求，目前最为便捷与安全的解决方案无疑就是生物特征识别技术。它不但简洁快速，而且利用它进行身份的认定，非常安全、可靠、准确，同时更易于配合计算机与安全、监控、管理系统整合，实现自动化管理。由于其广阔的应用前景、巨大的社会效益和经济效益，生物特征识别技术已引起各国的广泛关注和高度重视。生物特征识别技术涉及的内容十分广泛，包括指纹、掌纹、人脸、虹膜、指静脉、声纹、步态等多种生物特征，其识别过程涉及图像处理、计算机视觉、语音识别、机器学习等多项技术。目前生物特征识别技术作为重要的智能化身份认证技术，在金融、公共安全、教育、交通等领域得到了广泛的应用。

（七）VR/AR

虚拟现实（Virtual Reality，VR）/增强现实（Augment Reality，AR）是以计算机为核心的新型视听技术。结合相关科学技术，VR/AR 在一定范围内生成与真实环境在视觉、听觉、触感等方面高度近似的数字化环境。用户借助必要的装备与数字化环境中的对象进行交互，相互影响，获得近似真实环境的感受和体验。

四、人工智能的应用

人工智能与行业领域的深度融合将改变甚至重新塑造传统行业。人工智能已经被广泛应用于制造、家居、金融、零售、交通、医疗、教育、物流、安防等各个领域，对人类社会的生产和生活产生了深远的影响。

知识拓展

工业 4.0

德国制定了成为欧洲数字化增长领军国家的目标。在发布了第一份战略计划“工业 4.0”后，德国就已迈出了重要一步，成为全球首个致力于发掘这种新型工业化潜力的国家。其后发布的第二份战略计划——“智能服务世界”，重点关注从工业 4.0 制造到智能产品（出厂后）组成的价值链。德国国家科学与工程院（Acatech）“工业 4.0 成熟度指数”是一个“六阶成熟度模型”，分析企业在资源、信息系统、文化和组织架构四个领域（这四个领域是企业在数字化工业环境下运营的必备要素）的能力。每一个发展阶段的实现都会给制造企业带来实际的额外好处。该模型的实用性已得到一家中型企业的验证。

报告指出，成功实施工业 4.0 的企业其关键战略特征是具备敏捷性和做出实时转变的能力。为了获得这些特征，企业必须建立一个不断扩展的数据库。然而，一家企业的组织架构和企业文化在决定数据潜力能否被有效利用方面发挥着重要作用。

（一）智能制造

智能制造（Intelligent Manufacturing，IM）是一种由智能机器和人类专家共同组成的人机一体化智能系统，它在制造过程中能进行智能活动，诸如分析、推理、判断、构思和决策等。智能制造通过人与智能机器的合作共事，去扩大、延伸和部分取代人类专家在制造过程中的脑力劳动。它把制造自动化的概念更新扩展到柔性化、智能化和高度集成化。

智能制造对人工智能的需求主要表现在以下三个方面：一是智能装备，包括自动识别设备、人机交互系统、工业机器人以及数控机床等具体设备，涉及跨媒体分析推理、自然语言处理、虚拟现实智能建模及自主无人系统等关键技术；二是智能工厂，包括智能设计、智能生产、智能管理以及集成优化等具体内容，涉及跨媒体分析推理、大数据智能、机器学习等关键技术；三是智能服务，包括大规模个性化定制、远程运维以及预测性维护等具体服务模式，涉及跨媒体分析推理、自然语言处理、大数据智能、高级机器学习等关键技术。

（二）智能家居

智能家居通过物联网技术将家中的各种设备（如音视频设备、照明系统、窗帘控制、空调控制、安防系统、数字影院系统、影音服务器、影柜系统、网络家电等）连接到一起，提供家电控制、照明控制、电话远程控制、室内外遥控、防盗报警、环境监测、暖通控制、红外转发以及可编程定时控制等多种功能和手段。与普通家居相比，智能家居不仅具有传统的居住功能，而且兼备建筑、网络通信、信息家电、设备自动化等现代化功能，提供全方位的信息交互功能，甚至为各种能源费用节约资金。

例如，借助智能语音技术，用户应用自然语言实现对家居系统各设备的操控，如开关窗帘或窗户、操控家用电器和照明系统、打扫卫生等操作。借助机器学习技术，智能电视可以从用户看电视的历史数据中分析其兴趣和爱好，并将相关的节目推荐给用户。通过应用声纹识别、脸部识别、指纹识别等技术，用户可以进行开锁等操作。通过大数据技术，智能家电可以实现对自身状态及环境的自我感知，具有故障诊断能力，通过收集产品运行数据，发现产品异常，主动提供服务，降低故障率。此外，通过大数据分析、远程监控和诊断，用户能够快速发现问题、解决问题，从而提高效率。

五、人工智能产业

（一）智能基础设施建设

智能基础设施为人工智能产业提供计算能力支撑，其范围包括智能芯片、智能传感器、分布式计算框架等，是人工智能产业发展的重要保障。

1. 智能芯片

在大数据时代，数据规模急剧膨胀，人工智能发展对计算性能的要求越来越高。同时，受限于技术原因，传统处理器性能的提升也遭遇了“天花板”，无法继续按照摩尔定律保持增长。因此，发展下一代智能芯片势在必行。未来的智能芯片主要朝两个方向发展：一是模仿人类大脑结构的芯片，二是量子芯片。

2. 智能传感器

智能传感器是具有信息处理功能的传感器。智能传感器带有微处理机，具有采集、处理、交换信息的功能，是传感器集成化与微处理机相结合的产物。与一般传感器相比，智能传感器具有以下三个优点：通过软件技术可实现高精度的信息采集，而且成本低；具有一定的自动化编程能力；功能多样化。随着人工智能应用领域的不断拓展，市场对传感器的需求将不断增多，未来，高灵敏度、高精度、高可靠性、微型化、集成化将成为智能传感器发展的重要趋势。

3. 分布式计算框架

面对海量的数据处理、复杂的知识推理，常规的单机计算模式已经不能支撑，分布式计算的兴起成为必然的结果。目前流行的分布式计算框架包括 Hadoop、Spark、Storm、Flink 等。

（二）智能信息及数据

信息、数据是人工智能创造价值的关键要素之一。得益于庞大的人口和产业基数，我国在数据方面具有天然的优势，并且在数据的采集、存储、处理和分析等领域产生了众多的企业。目前，在人工智能数据采集、存储、处理和分析方面的企业主要有两种：一种是数据集提供商，其主要业务是为不同领域的需求方提供机器学习等技术所需要的数据集；另一种是数据采集、存储、处理和分析综合型厂商，这类企业自身拥有获取数据的途径，可以对采集到的数据进行存储、处理和分析，并把分析结果提供给需求方使用。

（三）智能技术服务

智能技术服务主要关注如何构建人工智能的技术平台，并对外提供与人工智能相关的服务。此类厂商在人工智能产业链中处于关键位置，依托基础设施和大量的数据，为各类人工智能的应用提供关键性的技术平台、解决方案和服务。目前，从提供服务的类型来看，提供智能技术服务的厂商包括以下几类：

（1）提供人工智能技术平台和算法模型的厂商。该类厂商为用户提供人工智能技术平台和算法模型，用户可以在平台上通过一系列的算法模型来进行应用开发。

（2）提供人工智能整体解决方案的厂商。该类厂商把多种人工智能算法模型以及软、硬件环境集成到解决方案中，从而帮助用户解决特定的行业问题。

（3）提供人工智能在线服务的厂商。该类厂商依托其已有的云计算和大数据应用的用户资源，聚焦用户的需求和行业属性，为用户提供多类型的人工智能服务。

（四）智能产品

智能产品是指将人工智能领域的技术成果集成化、产品化。随着制造强国、数字中国建设进程的加快，制造、家居、金融、教育、公交、安防、医疗、物流等领域对人工智能技术和产品的需求将进一步释放，相关的智能产品也会越来越多。

六、大数据与人工智能

大数据和人工智能是当今最流行和最有用的两项技术。计算机可以用来存储数百万条记录和数据，但分析这些数据的能力是由大数据提供的。

可以说，大数据和人工智能是两大令人惊叹的现代技术集合，为机器学习注入动能，不断重复和更新数据库，同时借助人类的干预和递归实验进行优化。机器学习被认为是人工智能的高级版本，通过它，各种机器可以发送或接收数据，并通过分析数据学习新的概念。大数据可以帮助组织分析现有数据，并从中得出有意义的见解。

（一）大数据与人工智能的主要区别

1. 本质角色不同

大数据：本质是原始输入。它指的是规模巨大、类型多样（结构化如数据库、非结构化如图片/邮件/传感器数据）的数据集。这些数据本身是未经处理或初步处理的“原材料”。

人工智能：本质是智能输出。它是通过处理数据（通常包括大数据）而产生的认知能力或决策结果。人工智能模仿人类智能，执行理解、学习、推理、决策和行动等任务。

2. 核心目标与功能不同

大数据：核心目标是洞察、识别、寻找结果。它通过分析海量数据来揭示趋势、关联或异常（例如，分析用户观看习惯以发现用户偏好）。它本身不主动“行动”或“决策”，而是提供分析结论。

人工智能：核心目标是模拟智能行为、解决问题、自主决策与行动。它利用数据（包括大数据分析的洞察）来理解环境、学习经验、适应变化，并据此做出反应或执行任务（例如，根据用户偏好模型自动推荐内容）。

3. 处理机制与适应性不同

大数据：处理过程侧重于清洗、整合、结构化原始数据，使其变得可分析。它遵循预设的规则和算法进行数据处理和查询，需要人工调整以适应新问题。

人工智能（特别是机器学习）：处理机制的核心是学习与适应。人工智能系统（尤其是基于机器学习的）能够从数据中学习规律，自动调整其行为模型。当遇到新的输入或环境变化时，人工智能能够自我更新和改进其响应方式，无须每次都重新编程（例如，持续优化推荐算法）。

4. 对数据的依赖和要求不同

大数据：强调数据的“大”和“多样性”。成功的关键在于拥有足够庞大且涵盖多种类型（结构化/半结构化/非结构化）的数据集，以支撑全面的分析。数据质量（准确性、完整性）至关重要，但数据的“智能”价值需要通过分析才能释放。

人工智能：更强调数据的“质量”和“相关性”，以及数据的“可学习性”。人工智能需要高质量、有代表性的数据来训练有效的模型。同时，人工智能的性能高度依赖于输入数据的质量和模型训练的方式，它利用数据（包括大数据分析的结果）作为燃料来驱动智能行为。

5. 应用方向侧重点不同

大数据：侧重于描述性分析（发生了什么?）和诊断性分析（为什么发生?）。

人工智能：侧重于预测性分析（将会发生什么?）和规范性分析（应该怎么做?）。

总结关键点：大数据是基础原料（数据海洋），需要被提炼（分析）才能产生价值；人工智能是智能引擎（处理与决策中心），它利用数据（包括提炼后的信息）来模仿认知、学习适应并执行智能任务。两者紧密相关（人工智能依赖大数据，大数据价值常通过人工智能释放），但本质角色、核心目标与功能、处理机制与适应性、对数据的依赖和要求以及应用方向侧重点存在显著差异。

（二）大数据与人工智能的联系

尽管大数据和人工智能在定义、角色和目标上存在显著区别，但它们绝非孤立存在，而是相互依存、相互促进、共同演进的紧密伙伴，即共生共荣的伙伴。它们的联系主要体现在以下几个方面：

1. 大数据是人工智能的“燃料”和基石

数据驱动学习：人工智能能力的提升高度依赖于海量、高质量的数据。人工智能通过分析大数据中的模式、关联和规律来“学习”和优化自身的模型。

训练与验证：构建有效的AI模型需要将大数据分为训练集（用于教授模型）和测试/验证集（用于评估模型性能）。数据的规模、质量和多样性直接决定了AI模型的准确性和泛化能力。没有大数据，人工智能就成了无源之水、无本之木。

持续优化：人工智能系统在部署后，需要持续接收新的数据流（通常也是大数据）来监控性能、适应环境变化、发现新趋势，并进行持续学习和模型更新。

2. 人工智能是挖掘大数据价值的“引擎”和“大脑”

超越传统分析：面对海量、高速、多样（Volume，Velocity，Variety）的大数据，传统的数据处理和分析工具（如 SQL 查询、基础统计分析）往往力不从心，难以发现深层次的、非线性的、隐藏的洞见。人工智能，特别是复杂的机器学习模型，具备处理这些复杂性的能力。

智能分析与预测：人工智能能够自动化地从大数据中提取有价值的模式，进行预测性分析（如预测设备故障、用户行为、市场趋势），执行高级认知任务（如图像识别、自然语言理解、情感分析）。这大大提升了大数据的利用效率和价值转化能力。

处理非结构化数据：大数据中包含大量文本、图像、音频、视频等非结构化数据。人工智能技术（如计算机视觉、自然语言处理）是解析和理解这些非结构化数据的关键，使得这部分数据也能产生巨大的价值。

3. 共同驱动价值创造与创新

相辅相成：大数据提供了丰富的“原材料”，人工智能提供了强大的“加工能力”和“智能决策”。两者结合，能将数据中蕴含的信息转化为可行动的智能，解决更复杂的问题，创造新的业务模式、产品和服务（如个性化推荐、智能风控、自动驾驶、智慧医疗诊断、预测性维护）。

闭环优化：人工智能的智能决策和行动会产生新的数据（用户反馈、操作日志、传感器新读数等），这些新数据又汇入大数据池，用于进一步训练和改进 AI 模型，形成一个持续学习、不断优化的闭环系统。

大数据与人工智能是数字时代相辅相成的两大支柱技术。大数据是基础，是人工智能得以学习和成长的土壤；人工智能是升华，是挖掘大数据深层价值、赋予其行动力的智慧引擎。它们的区别在于各自的角色定位和目标导向，而它们的联系则在于深刻的相互依赖和强大的协同效应。没有大数据的滋养，人工智能难以发挥其潜力；没有人工智能的赋能，大数据的价值也难以充分释放。二者结合，正在深刻地改变各行各业，驱动智能化升级和创新。理解它们的区别有助于明确各自的技术范畴，而认识它们的紧密联系则是构建有效数据驱动智能应用的关键。

任务四
数字货币

经典案例

【案例1】

利用数字人民币预付资金监管全生态解决方案，解决预付式消费信任问题

在深圳大学城里，小林经营着一家健身房，此前他一直深受预付式消费问题的困扰。由于健身行业存在个别商家“卷款跑路”的现象，学生们担心自己充值的钱会打水漂，对预付式消费顾虑重重。这使得小林的健身房生意冷清。

当地银行机构推出的“数字人民币预付资金监管全生态解决方案”，为小林带来了转机。该方案充分利用数字人民币的特性，允许消费者自行设置预付金额和续费周期。在消费者实际消费前，预付资金会一直处于冻结状态，商家无法随意动用，只有当消费者完成消费后，相应资金才会解冻并划转至商家账户。这一监管方式极大地保障了消费者的资金安全，让学生们吃下了“定心丸”。

自从引入这一方案后，学生们的消费信心大幅提升，小林的健身房的生意也逐渐好转，会员数量迅速增长到原来的3倍。数字人民币在预付资金监管方面的应用，不仅解决了商家和消费者之间的信任难题，还为健身行业乃至整个预付式消费市场的健康发展提供了新的思路和模式，充分展现了数字人民币在优化营商环境、促进消费领域的重要作用。

【案例2】

数字人民币在公共交通场景实现全覆盖，构建起“数字人民币大交通生态”

广州地铁App乘车码、自助购票机、乘客事务处理等场景全面上线数字人民币支

付功能，成为全国首个实现地铁全场景数字人民币应用的一线城市，每天使用数字人民币的用户量近 3 万人次，累计超百万人次乘客使用。广州有轨电车海珠线在数字人民币试点首日就推出了数字人民币乘车服务，钱包付款码“即扫即乘”。全市 1.6 万余辆公交电子收费终端也全面支持数字人民币支付乘车，涵盖多种公交线路。此外，“如祺出行”App 开通数字人民币支付渠道，羊城通乘车码微信小程序和支付宝小程序上线数字人民币支付功能，实现“一码通行”，未来数字人民币 App 还将接入岭南通虚拟交通卡发卡、充值等场景。在浙江，全国首个数字人民币“乘车码”落地，支持杭州地铁、绍兴地铁、杭海城际铁路“展码进站”，实现三地“一码通行、互联互通”。该乘车码直接加载在数字人民币 App 中，操作便捷，还支持“双离线”展码过闸，能有效应对高并发、大流量场景，并且降低了境外来华人员的开通使用门槛，在技术上也具有可复制、可推广性。

这几年，各国纷纷加快了数字货币的研发工作。虽然对于数字货币可能带来的问题，如保护消费者个人隐私、保护金融体制稳定性等，业界仍有不同意见，但毋庸置疑的是，发展数字货币已经成为大势所趋。

一、数字货币的概念

数字货币（Digital Currency）的概念最早于 1982 年被提出。与实体纸币或硬币不同，这类货币仅以数字或电子形式存在，属于无形资产。用户只能通过电子钱包或接入指定网络的方式，在互联网环境中持有和使用数字货币。

数字货币缺乏统一的定义，一般认为数字货币是一种基于节点网络和数字加密算法的虚拟货币。

数字货币不同于虚拟世界中的虚拟货币，因为它能被用于真实的商品和服务交易，而不局限在网络游戏中。早期的数字货币（数字黄金货币）是一种以黄金重量命名的电子货币形式。现在的数字货币，如比特币、莱特币和点点币，是依靠校验和密码技术来创建、发行和流通的电子货币。

数字人民币（Digital RMB），是由中国人民银行发行的数字形式的法定货币，是除纸钞和硬币外的第三种形式的法定货币。数字人民币具备四重基本含义，如图 7-4 所示。

由中国人民银行发行的数字人民币，其在对应的数字货币体系中相关表述可简称为 DC/EP（Digital Currency/Electronic Payment，数字货币 / 电子支付工具）。数字人民币的功能属性与纸钞完全一样，是数字化形态的法定货币，且不需要账户就能实现价值转移。

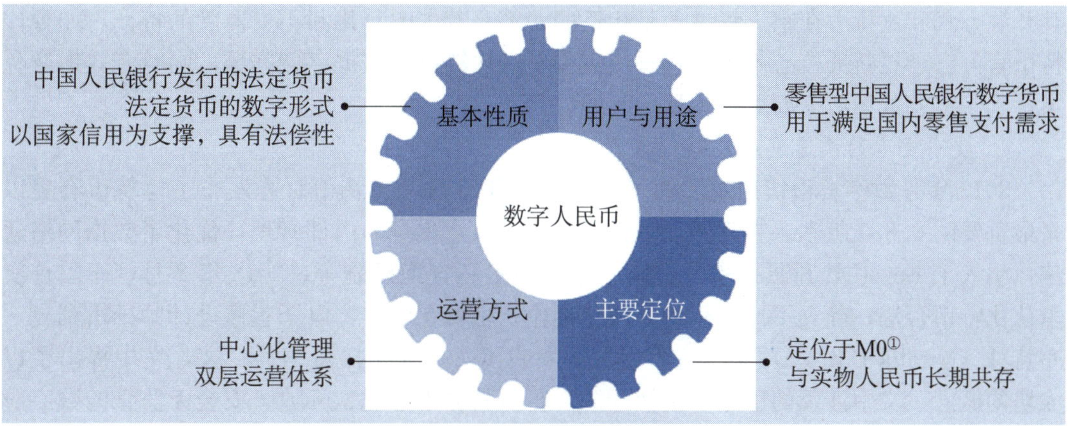

图 7-4　数字人民币的基本含义

二、数字货币的发展历程

（一）国外数字货币发展分析

1. 比特币的诞生

2008 年，关于比特币的论文《比特币白皮书：一种点对点的电子现金系统》发表，这篇论文在世界上首次提出比特币这一数字货币概念。2009 年，比特币正式诞生，其开源的版本是依据客户端产生并发表的。根据文中内容，其对比特币的观点是建立在区块链的基础上进行的数字化交易。而比特币正是一种 P2P② 形式的去中心化的虚拟加密数字货币。

2. 挖币概念产生

2010 年，一个被称为 Slush 的计算机矿场发明了多方位节点共同挖矿（比特币）的方式，开启了世界比特币挖矿的潮流。但挖矿的同时也带来诸多问题。例如，黑客潜入他人计算机挖矿，以及在逃避国家监管的地区进行大规模的挖矿。这些违法行为也在提醒国家必须对数字货币进行监管。

3. 数字货币的发展及成熟

2011 年，比特币官方发布新的比特币版本 0.3.21，支持如网上虚拟交易可控化、数字可调控等多种功能。同年 10 月，以比特币为模型启发，新的数字货币莱特币正式诞生，

① “M0”，是货币层次划分里的流通中现金概念，用于明确数字人民币的货币定位。

② P2P 是“Peer-to-Peer”的缩写，常译为“对等网络”“点对点”。它代表一种网络架构和交互模式，在比特币场景中，意味着比特币交易直接发生在参与的个体（节点）之间，无须通过银行、支付平台等中间机构来转接、验证交易，交易双方地位平等，彼此直接连接、交互，体现了比特币去中心化（没有中心控制节点）的特性，让交易更具有自主性和分散性。

其开源方式和比特币在很大程度上是相近的，都有着去中心化和不受监管的特征。如今比特币官方已经更新其核心版本，进一步完善了区块链以及数据存储问题，同时有效地避免了达到一定的数量后需要更改地址的问题。

4. 数字货币的快速发展以及逐步合法化

2013 年是数字货币快速发展的一年。2013 年 6 月，比特币官方发布了比特币有史以来最重要的 0.8.0 版本，它完善且加强了比特币节点本身的内部管理，优化了数据网络通信，引入了 LevelDB 开源技术，更新了索引技术和查询机制等。2013 年 8 月，德国首次承认比特币合法，确立了比特币的合法化地位。也就在同年，电子程序设计师维塔利克·布特林（Vitalik Buterin）受比特币启发，发表了《以太坊白皮书》一文，文中提出了以太坊的概念。文中涉及的以太币能让开源者打造其去中心化、开放、安全无监管的数字应用平台。以太币和比特币都是以区块链为基础进行开源开发的。

（二）国内数字货币的发展及架构

1. 国内数字货币的发展

中国人民银行高度重视法定数字货币的研究开发。2014 年，中国人民银行成立法定数字货币研究小组，开始对发行框架、关键技术、发行流通环境及相关国际经验等进行专项研究。2016 年，中国人民银行成立数字货币研究所，完成法定数字货币第一代原型系统搭建。2017 年末，经国务院批准，中国人民银行开始组织商业机构共同开展法定数字货币（以下简称数字人民币）研发试验。

2020 年，《全面深化服务贸易创新发展试点总体方案》，在“全面深化服务贸易创新发展试点任务、具体举措及责任分工”部分中提出：“在京津冀、长三角、粤港澳大湾区及中西部具备条件的试点地区开展数字人民币试点。”“先由深圳、成都、苏州、雄安新区等地及未来冬奥场景相关部门协助推进，后续视情扩大到其他地区。”

党的二十大报告指出：“推动货物贸易优化升级，创新服务贸易发展机制，发展数字贸易，加快建设贸易强国。”

2. 国内法定数字货币体系架构

法定数字货币的发行采用的是双层运营体系，注重对流通中现金（M0）的替代。

双层运营体系是指中国人民银行先把数字货币兑换给银行或者其他运营机构，再由这些机构兑换给公众。

上层：中国人民银行对发行的法定数字货币做信用担保，因此中国人民银行的数字货币与人民币一样具有无限的法偿性。

下层：由不同的商业银行构成，商业银行等机构在面向公众兑换数字人民币（DC/EP）时，需要按 100%比例向中国人民银行缴纳全额准备金，以此确保数字人民币不超发 。

双层运营体系对现有货币体系的冲击最小，能调动商业银行等的积极性，提升数字货币的接受程度；有利于商业机构的参与，充分利用商业机构的资源、人才、技术等优势，通过市场驱动来促进创新和竞争；同时也有助于分散化解风险，还可以避免“金融脱媒”。

我国试点中的法定数字货币采用中心化管理和间接发行模式，采用“账户松耦合”加数字钱包的方式，具有脱网交易的技术优势，能够为公众提供安全性高、流动性好的支付工具，让日常生活更简单，也有可能跨境“溢出”，发展成为全球性数字货币。

数字货币的发展是必然的，数字货币的优点造就了未来信息化的基础，中国乃至世界都在进行研发，中国人民银行发行的数字人民币就是一个最好的例子。

三、数字货币的主要特征

（1）在支付结算方面，数字货币不依赖机构，是一个公开可查的、由整个分布式网络维护的数字总账，称为“区块链”。

（2）在发行和生产方面，数字货币的本质就是在一个相互验证的公开记账系统上记账，在一定算法的模式下，找出符合条件的一串随机代码，然后将这串代码同其他交易信息打包成一个区块，记录在这个账本里，这样就获得了一定数量的数字货币。

（3）数字货币的无国界性，使其在全球范围内流动。虚拟世界与现实世界相对应，通过数字货币与传统货币的兑换关系发生联系。在一定条件下，使用特定的数字货币可以购买实物商品，使用传统货币也能购买特定的虚拟商品。

（4）数字货币的分布式总账系统在理论上可以让任何参与者都无法伪造数字货币，减少交易风险。

（5）数字货币的较低交易成本会促使银行等金融机构提升服务水平，降低交易费用。

（6）数字货币与移动金融商业模式相结合，能够促进普惠金融发展。

四、数字货币的类型

数字货币目前有三类：

第一类是法定数字货币，也就是一国的中央银行数字货币，受政府直接监管；

第二类是以比特币为代表的 P2P 形式的虚拟加密数字货币，完全去中心化；

第三类是以 Libra（2020 年更名为 Diem）为例的可信任机构发行的数字货币，并不完全去中心化，而是有多个节点的联盟链。

五、法定数字货币的优点

法定数字货币有三个方面的好处：

一是可以节省成本，防范假币，强化支付系统的普惠特性；

二是可以实时把握结构性的货币流通数据，进而能够特别精准地调控货币供应的总量；

三是资金流的信息可以全程追踪，有利于反腐败、反洗钱、反恐怖融资、反逃税等。

当前我国人口总量居全球第二位，支付市场规模较大。在这样一个市场里发行法定数字货币，必须保证数字货币工具的可靠性和安全性。

六、数字货币存在的问题

（一）高度匿名性、去中心化带来的洗钱和恐怖主义融资

数字货币的特点是高度匿名性、去中心化。它被构建在完全独立的区块链中，不受监管，所以交易双方的信息都是极度隐秘的。这导致了许多问题，例如，利用这方面的特点可以进行网络数字货币洗钱，违法交易，出现网络犯罪和世界恐怖主义犯罪等的商业问题，而且几乎不可能找到交易双方的可知信息，会造成无法控制的后果。为了加强市场监管、完善市场数字货币行为而推出的法定数字货币可以对公民信息进行分析，但却有其保密性。数字货币的商业问题，更多的是与法律挂钩，洗钱、恐怖主义融资等都是严重的犯罪行为。数字货币的去中心化所带来的缺失监管问题既是进行商业交易的利，也是弊。在利的方面，首先，交易双方可以匿名交易，对于一些隐晦的合法交易，这类匿名就是极好的方式；其次，数字货币交易时其匿名性就可以进行合理的避税，对于企业而言，这是极其有诱惑力的。在弊的方面，对于不合法交易，政府无法对其进行监管，那么造成的市场动荡的大小就无法预估和控制，企业的避税行为对于企业而言可能是利的方面，但对于国家而言，大量的企业进行这方面的避税就必然会造成国家财政的问题。

（二）无担保机构，信誉度随市场波动

就当下市场上的数字货币而言，大部分的数字货币没有稳定性，一旦发生市场波动，黑客进行大规模的网络攻击，市场上的大部分数字货币就会大幅贬值，造成数字货币的失信问题，从而导致一系列的商业伦理问题。

任务五
区块链

近年来，随着区块链技术的不断发展，区块链在我们日常生活中的应用也越来越广泛。

一、区块链的概念

区块链是分布式数据存储、点对点传输、共识机制、加密算法等计算机技术的新型应用模式。区块链本质上是一个去中心化的分布式账本系统，通过将该账本的数据存储于整个参与的网络节点中来实现账本系统的去中心化。图 7－5 是区块链的分布式记账图。

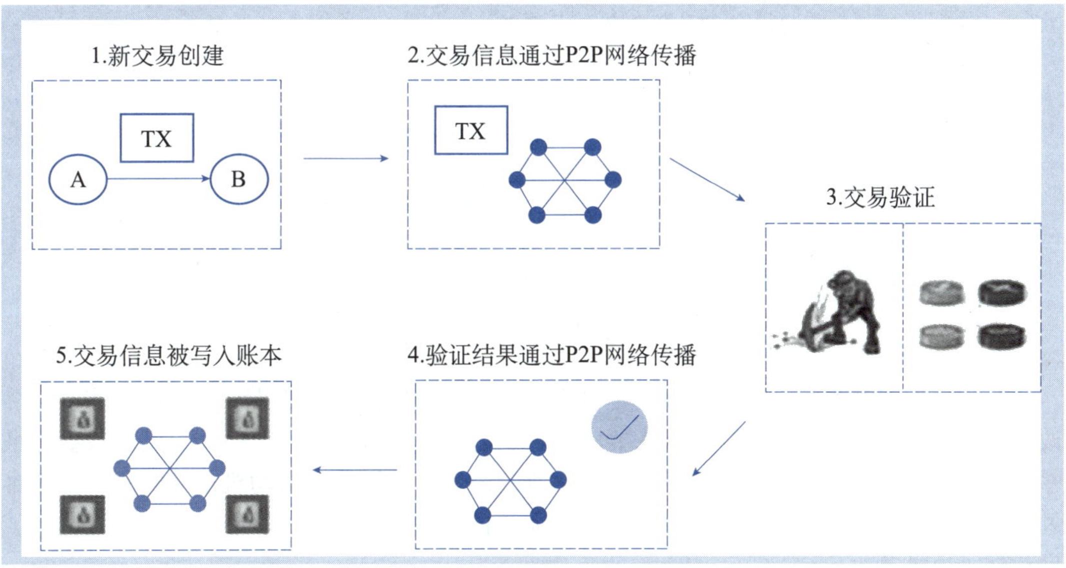

图 7－5　区块链的分布式记账图

其中，区块按照时间先后顺序生成且每一个区块都记录着生成时间段内的信息，而由整个区块连接起来的链条代表信息合集。在区块之间的连接上，每一个区块分为区块头与区块体：区块头记录前一区块信息、时间戳、随机数和目标哈希值（hash），从而将前后区块链连接在一起；区块体则记录交易信息，形成一个完整的区块结构。

（一）狭义的区块链含义

从狭义上讲，区块链是一种按照时间顺序将数据区块以顺序相连的方式组合成的一种链式数据结构，并以密码学方式保证的不可篡改和不可伪造的分布式账本。区块链具有不可篡改、防伪、可追溯等特性。在区块链中，每个新区块都包含上一个区块经过科学方法计算出来的数据指纹，即哈希值。这个值让一个个区块之间形成了有着严格顺序关系的链条结构，一旦某个区块中的任何数据被篡改，该区块在下一个区块头的数据指纹值就会变动，之后就无法衔接上来，也就不会被任何人认可。因此，一旦任何某个区块数据产生变动，后续所有区块的数据指纹（哈希值）都会变动，所有人都能发现数据被篡改，并丢弃且不认可这种无效数据。这就保证了区块链数据的不可篡改性。

区块链结构示意图如图 7 - 6 所示。

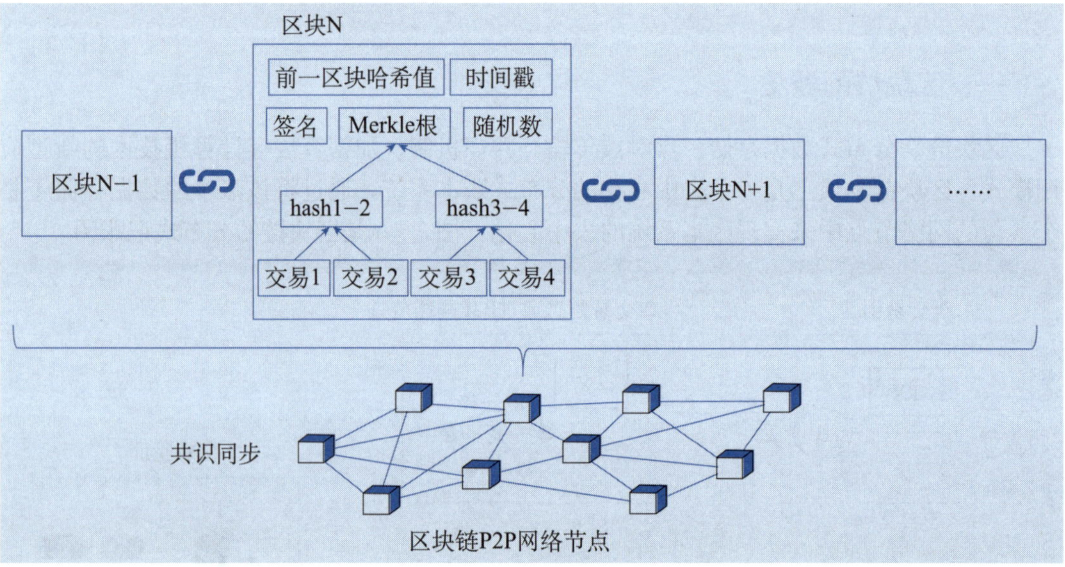

图 7 - 6　区块链结构示意图

篡改区块链基本上是一个可以但是没必要的行为，相较于正常活动所获取的收益，篡改活动的成本简直是天文数字，所需要的人力、财力、算力都是巨大的，得到的收益却微乎其微。成本收益比就是给区块链上的难篡改的最后一道保险，从动机角度解决了信任难题，从根源上设置了防篡改机制。操作难度大、技术成本高、动机没必要三个要素决定了区块链难以被篡改。

在日常应用中，我们的区块链数据是同步给所有节点记录的，所有人都像知道历史事实一样知道区块的正确顺序，也能查阅到相关数据，这就是区块链防伪、防篡改的特性。

（二）广义的区块链含义

从广义上讲，区块链技术是利用块链式数据结构来验证与存储数据、利用分布式节点共识算法来生成和更新数据、利用密码学的方式来保证数据传输和访问的安全、利用由自动化脚本代码组成的智能合约来编程和操作数据的一种全新的分布式基础架构与计算范式。

区块链技术是构建价值互联网不可或缺的底层应用技术，是具备多层级和多类型应用的价值传输技术的集合。区块链本质上是一种分布式数据库（注意：区块链与分布式数据库的差别），或者说是一个可共享且不易更改的分布式分类总账。

该技术方案让参与系统中的任意多个节点，将一段时间系统内的全部信息数据，通过密码学算法计算和记录到一个数据块（即区块）中，生成数据“密码”用于验证其信息的有效性和链接下一个数据块，并由系统所有参与节点来共同认定记录是否为真。

（三）未来区块链的大规模应用——区块链 3.0

在基于区块链 2.0 的认识上，区块链将进一步应用于除货币和金融以外，包括但不限于政府、能源、健康、文化和艺术上。

二、区块链的四大特征

区块链技术与传统行业相比具有去中心化、信息不可篡改性、匿名性和开放性的特点，现实中的应用都是围绕其特性进行拓展的。

（一）去中心化

传统行业中，数据往往存储在一个集中的大型数据库中，这不可避免地带来安全性与隐私性问题，而区块链技术采用的分布式账本结构使得每个参与节点都能够存储所有的交易信息，避免了单一数据库损坏或丢失带来的巨大代价。

（二）信息不可篡改性

在区块链下，一笔交易只有通过全网广播认证才能写入账本并存储于每个参与节点中，因此如果要篡改某类信息则意味着至少要控制 51%的节点才能完成，而在现实中这几乎是不可能实现的。

（三）匿名性

区块链的匿名性主要表现在非实名上，链上的交易通过公私钥地址进行，而公私钥地址完全可以与现实身份信息无关。

（四）开放性

在以比特币为代表的公有链上，整个分布式账本系统对任何人都是公开透明的，除了个人的私钥信息以外，任何人都可以查询区块数据信息并开发相关应用；而私有链则可以通过设定不同权级有针对性地进行开发。

在这里，我们必须强调比特币并不等同于区块链，而只是区块链技术的一个最早期也最典型的应用范例。这个应用范例的问世拉开了区块链的序幕，让虚拟的互联网世界开启了价值互联的时代，其核心是依靠技术手段建立一种不需要第三方担保的安全、可信任的机制，让人人可以参与其中。

三、区块链的模型架构

区块链技术不是单一的创新技术，而是多种技术整合创新的结果，其本质是一个弱中心的、自信任的底层架构技术。与传统的互联网技术相比，它的技术原理与模型架构是一次重大革新。在这里，我们就区块链的基本技术模型进行剖析。

区块链技术模型自下而上包括数据层、网络层、共识层、激励层、合约层和应用层。每一层分别具备一项核心功能，不同层级之间相互配合，共同构建一个去中心化的价值传输体系。

数据层是区块链最底层的数据结构，应用了公私钥相结合的非对称加密技术，利用散列函数确保信息不被篡改，还采用链式结构、时间戳技术、默克尔（Merkle）树等技术对数据区块进行处理，让新旧区块之间相互链接、相互验证，是区块链安全、稳定运行的基础。

网络层封装了 P2P 网络机制、传播和验证机制等技术。基于端对端的网络传播体系，每一个节点既可生产信息，也可接收信息。当一个节点生成新的区块时，它会向全网广播。当超过 51%的节点在验证新区块的真实性后，其将被许可链接到区块链上，并被永久存储下来。所有节点共同维系着这个区块链网络，任何一个节点都无法篡改和控制这个系统。

共识层是区块链技术中最为核心的一个层级，它解决了分布式系统中如何统一行动的问题，这个层级封装了各类共识机制算法。到目前，区块链上的共识机制算法达十多种，其中最成熟且得到广泛应用的有三种，即工作量证明机制（Proof of Work，PoW）、权益证明机制（Proof of Stake，PoS）、股份授权证明机制（Delegated Proof of Stake，DPoS）等。

激励层包括发行机制和激励机制，该层级的设置是经济学与互联网技术紧密结合的产物，让高度分散的节点能够自觉参与到系统的维护与建设中，让整个系统健康、有序地发展。当然，在不同的应用场景中，激励层的发行机制和激励机制会有所不同，但这个技术层的存在让区块链中的节点能够积极主动地维护整个系统的稳定运行，是区块链技术的创新之处。

智能合约、共识算法、脚本代码构成了合约层，是区块链可编程特性的基础。在区块链的发展历程中，在区块链 1.0 时代，脚本代码只具备简单的编写功能，并未充分发挥区块链的优势；在区块链 2.0 时代，以以太坊为代表的区块链具备了很强的可编程性，以太坊是可编程的区块链，此时在区块链上任何人都可以上传和执行任意的应用程序，并且程序的有效执行能得到保证。

应用层封装了区块链的各种应用场景和案例，如比特币、以太坊、政务系统等搭建在区块链上的各类区块链应用，未来可编程金融和可编程社会也将会搭建在这个层级上。

这六个技术层级是构建区块链技术的必要元素，缺少任何一层都将不能称之为真正意义上的区块链技术。

四、区块链的核心原理

从工业革命时代的资源导向到互联网时代的需求导向，再到区块链时代的价值导向，是商业文明的主导权从官方组织到市场组织，最后到个体的一步步交割。伴随着这种演变，如何建立一种去中心化的信任机制，是商业文明进程中亟须解决的问题。

应势而出的区块链技术的核心原理是构建一个信任链接器，建立在程序和代码基础上的信任体系俨然是最公正的机器法官，保证了点对点之间价值物自由、安全、便捷地传递和流通。

区块链对这个问题给出了解决方案，其核心原理是：构建前后关联且可相互验证的数据块（即区块），并通过时间戳将区块排序，结合密码学技术，形成集体维护、彼此验证、有序链接的网状价值传输系统。

五、区块链技术的应用

随着对区块链技术的学习与认识过程的不断发展，针对区块链在现实中的应用实质上是围绕将区块链特性与行业“痛点”结合起来展开探索的，在解决第三方信任问题、提高商业效率、增强网络安全、提高信息透明度等方面有着十分广泛的应用空间，并由此提出了“区块链＋”的概念。图 7－7 是区块链应用场景。

（一）金融应用不断成熟，跨境支付与资产证券化最先受益

区块链基于去中心化、点对点传输的分布式账本技术避免了记录丢失问题，工作量证明机制和基于时间戳的回溯机制维护了数据传输过程中的安全性问题，使得区块链在第三方参与频繁且信息安全性要求高的金融行业有着很强的适应性，能够帮助金融行业简化流程、降低成本、提高效率，甚至极大地改变了现有金融行业的交易模式。具体而言，区块链技术可应用于跨境支付、资产证券化和保险等方面。

（二）区块链＋版权及文娱——行业“痛点”与区块链特性的绝配

在对知识版权日益尊重但互联网版权难以受到保护的今天，如何方便、快捷地注册版权以维护自身权益成为这一行业的“痛点”。传统的纸质版权文件有花费时间长、纸质保

管难的问题，而利用区块链技术进行在线申请，即时申请、即时存证，难以伪造与篡改，还可以通过赋予注册者唯一的数字 ID 来随时提取版权信息。

在文娱与金融的交叉应用方面，由于文娱产业的特殊性，个人或中小型制作团队很难对接投资机构或资产交易方，而在法律许可的范围内，利用区块链技术将资产整合进区块链平台。一方面，这样可以保证在相关机构监管下发行数字货币进行融资；另一方面，通过分布式账本技术完成在线资产交易过程，公开透明的账本能够记录每一笔交易情况。

（三）区块链+供应链——市场潜力巨大，防伪溯源落地可期

对于现代企业而言，随着供应链条的不断延伸，企业很难掌握全部的供应链信息以及自身所处的供应链地位，大多数企业仅仅能够了解自身上下游企业最近的情况。因此，如何做到权责清晰，如何做到信息透明、可追溯，成为行业的“痛点”问题。而如果考虑区块链公开透明和时间可追溯的分布式账本技术，供应链条上的任何一方都能够了解产品状况，那么就能够很方便地跟踪和管理各个环节。

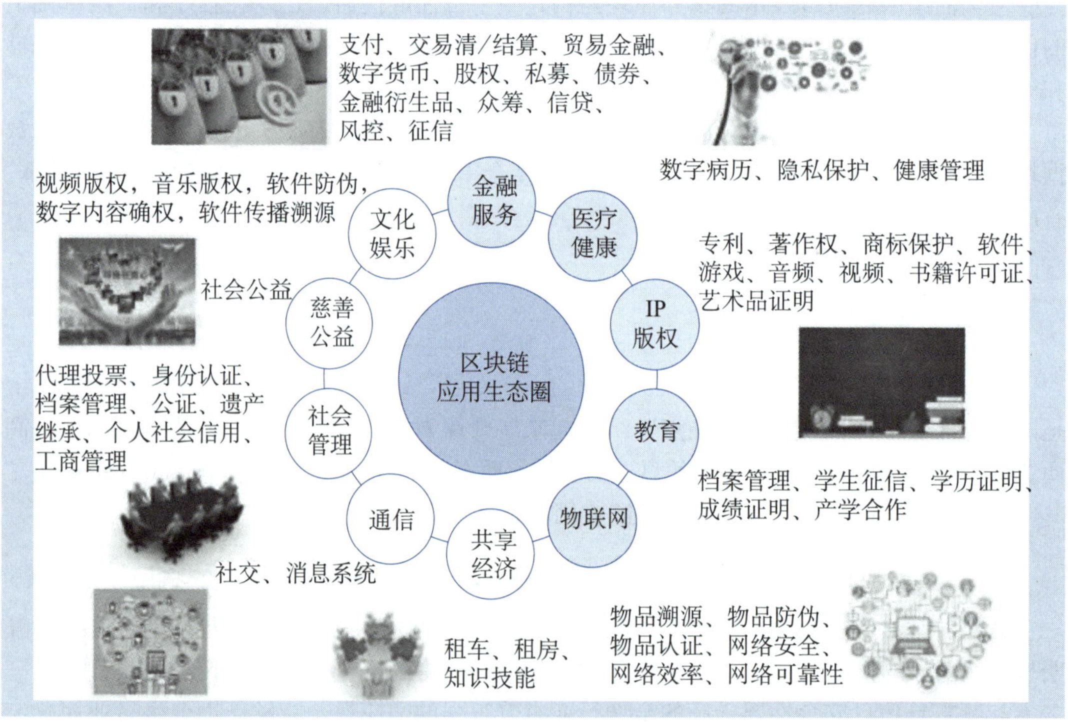

图 7-7　区块链应用场景

（四）区块链+物联网——技术准备基本成熟，静待物联网未来发展

在“十三五”期间，工信部发布了《物联网发展规划（2016—2020 年）》以及《关于全面推进移动物联网（NB-IoT）建设发展的通知》，要求到 2020 年年底，我国 NB-IoT 网络的基站规模达到 150 万个，NB-IoT 连接数超过 1 亿个。在国家政策的推动下，物联网

市场迎来快速发展。根据麦肯锡预测，2017 年全球联网设备数量约为 84 亿台，其中物联网设备数量约为 10 亿台。预计到 2025 年，我国物联网相关产业的经济规模将达到 6 万亿元人民币，主要得益于 5G 商用的加速落地、车联网、智能交通、远程医疗等新兴应用场景的不断拓展。

由于物联网“物物相连”的属性，与分布式网络联系在一起，尤其是在物联网的安全性日益凸显的未来，区块链技术去中心化的特点为防止物联网传输数据被篡改提供了一种内部解决方案。

项目小结

云计算、物联网、人工智能、数字货币和区块链，代表了人类 IT 技术的最新发展趋势，五大技术深刻改变着人们的生产和生活。五种技术中，人工智能具有较长的发展历史，在 20 世纪 50 年代就已经被提出，并在 21 世纪迎来了又一次发展高潮。云计算、物联网、数字货币和区块链目前正在各大领域不断深化应用。本项目对云计算、物联网、人工智能、数字货币和区块链做了简要的介绍，并且梳理了大数据与这几种技术的紧密关系。相信这五种技术的融合发展、相互助力，一定会给人类社会的未来发展带来更多的新变化。

实训练习

应知考核

一、单项选择题

1.（　　）是最底层的硬件资源，主要包括 CPU（计算资源）、硬盘（存储资源）、网卡（网络资源）。

A. 基础设施即服务　　B. 平台即服务　　C. 软件即服务　　D. 公有云

2.（　　）是物联网发展和应用的基础，包括条形码识别器、各种类型的传感器（如温湿度传感器、视频传感器、红外探测器等）、智能硬件（如电表、空调等）和网关等。

A. 感知控制层　　B. 数据传输层　　C. 数据处理层　　D. 应用决策层

3.（　　）负责接收感知控制层传来的数据，并将其传输到数据处理层，随后将数据处理结果再反馈回感知控制层。

A. 感知控制层　　B. 数据传输层　　C. 数据处理层　　D. 应用决策层

4.（　　）可进行物联网资源的初始化，监测物联网资源的在线运行状况，协调多个物联网资源（如计算资源、通信设备和感知设备等）之间的工作。

A. 感知控制层　　B. 数据传输层　　C. 数据处理层　　D. 应用决策层

5.（　　）利用经过分析处理的感知数据，为用户提供多种不同类型的服务，如检索、计算和推理等。

A. 感知控制层　　B. 数据传输层　　C. 数据处理层　　D. 应用决策层

6.（　　）是由具有全面感知能力的物品和人组成的。

A. 云计算　　B. 物联网　　C. 大数据　　D. 人工智能

7.（　　）的稳定性和可靠性是保证物物相连的关键。

A. 数据传递　　B. 超大规模　　C. 全面感知　　D. 智能处理

8.（　　）是物联网的核心。

A. 智能处理　　B. 超大规模　　C. 可靠传递　　D. 感知

9.（　　）融合了各种信息技术，突破了互联网的限制，将物体接入信息网络，实现了“物物相连的互联网”。

A. 云计算　　B. 物联网　　C. 大数据　　D. 人工智能

10.（　　）提供二维码、RFID 及读写机具、传感器、智能仪器仪表等物联网核心感应器件。

A. 核心感应器件提供商　　B. 感知层末端设备提供商

C. 网络提供商　　D. 系统集成商

11.（　　）是一种机器表现的行为，这种行为能以与人类智能相似的方式对环境做出反应并尽可能提高自己达成目的的概率。

A. 云计算　　B. 物联网　　C. 大数据　　D. 人工智能

12.（　　）指的是只能完成某一项特定任务或者解决某一特定问题的人工智能。

A. 超强人工智能　　B. 弱人工智能　　C. 强人工智能　　D. 超人工智能

13.（　　）指的是可以像人一样胜任任何智力性任务的智能机器。

A. 超强人工智能　　B. 弱人工智能　　C. 强人工智能　　D. 超人工智能

14.（　　）能实现与人类智能等同的功能，即可以像人类智能实现生物上的进化一样，对自身进行重编程和改进，这也就是“递归自我改进功能”。

A. 超强人工智能　　B. 弱人工智能　　C. 强人工智能　　D. 超人工智能

15.（　　）是一种基于节点网络和数字加密算法的虚拟货币。

A. 数字货币　　B. 物联网　　C. 大数据　　D. 人工智能

16.（　　）是分布式数据存储、点对点传输、共识机制、加密算法等计算机技术的新型应用模式。

A. 数字货币　　B. 区块链　　C. 大数据　　D. 人工智能

17.（　　）本质上是一个去中心化的分布式账本系统，通过将该账本的数据存储于整个参与的网络节点中来实现账本系统的去中心化。

A. 数字货币　　B. 物联网　　C. 区块链　　D. 人工智能

18.（　　）本质上是一种分布式数据库，或者说是一个可共享且不易更改的分布式分类总账。

A. 数字货币　　B. 物联网　　C. 区块链　　D. 人工智能

19.（　　）是区块链最底层的数据结构，应用了公私钥相结合的非对称加密技术。

A. 数据层　　B. 网络层　　C. 共识层　　D. 激励层

20.（　　）封装了 P2P 网络机制、传播和验证机制等技术。

A. 数据层　　B. 网络层　　C. 共识层　　D. 激励层

21.（　　）是区块链技术中最为核心的一个层级，它解决了分布式系统中如何统一行动的问题，这个层级封装了各类共识机制算法。

A. 数据层　　B. 网络层　　C. 共识层　　D. 激励层

22.（　　）封装了区块链的各种应用场景和案例，如比特币、以太坊、政务系统等搭建在区块链上的各类区块链应用，未来可编程金融和可编程社会也将会搭建在这个层级上。

A. 数据层　　B. 网络层　　C. 共识层　　D. 应用层

23.（　　）是一种 P2P 形式的去中心化的虚拟加密数字货币。

A. 数字货币　　B. 比特币　　C. 区块链　　D. 人工智能

二、多项选择题

1. 从部署云计算方式的角度出发，云计算可以分为（　　）。

A. 公有云　　B. 大众云　　C. 私有云　　D. 混合云

2. 下列是公有云应用实例的有（　　）。

A. 华为云　　B. 阿里云　　C. 腾讯云　　D. 百度云

3. 从所提供服务类型的角度出发，云计算可以分为（　　）。

A. 基础设施即服务　　B. 平台即服务　　C. 软件即服务　　D. 公有云

4. 下列属于云计算的特征的有（　　）。

A. 可扩展性　　B. 超大规模　　C. 高可靠性　　D. 按需服务

5. 在物联网中，可以作为网络的终端的有（　　）。

A. 书　　B. 牙刷　　C. 汽车　　D. 杯子

6. 从技术架构上来看，物联网可以分为（　　）体系结构。

A. 感知控制层　　B. 数据传输层　　C. 数据处理层　　D. 应用决策层

7. 物联网是以互联网为基础，主要解决（　　）的互联和通信问题。

A. 人与人　　B. 人与物　　C. 物与物　　D. 物与网

8. 下列属于物联网中感知控制层的有（　　）。

A. 温度传感器　　B. 条形码识别器　　C. 摄像头　　D. GPS 设备

9. 下列属于物联网中数据传输层的有（　　）。

A. 互联网　　B. 移动通信网络　　C. 卫星通信网络　　D. 湿度传感器

10. 下列属于物联网的特征的有（　　）。

A. 全面感知　　B. 超大规模　　C. 可靠传递　　D. 智能处理

11. 下列属于物联网的关键技术的有（　　）。

A. 射频识别技术　　B. 传感器技术

C. 无线网络技术　　D. 数据挖掘与融合技术

12. 物联网已经广泛应用于（　　）等领域。

A. 智能交通　　B. 智慧医疗　　C. 智能家居　　D. 智慧物流

13. 完整的物联网产业链主要包括（　　）。

A. 核心感应器件提供商　　B. 感知层末端设备提供商

C. 网络提供商　　D. 系统集成商

14. 人工智能大体上可以分为（　　）。

A. 超强人工智能　　B. 弱人工智能

C. 强人工智能　　D. 超人工智能

15. 人工智能包括的关键技术有（　　）。

A. 机器学习　　B. 知识图谱　　C. 人机交互　　D. 计算机视觉

16. 机器学习强调的关键词是（　　）。

A. 算法　　B. 计算　　C. 经验　　D. 性能

17. 人工智能已经被广泛应用于（　　）等各个领域。

A. 智能制造　　B. 智能家居　　C. 智能医疗　　D. 智能教育

18. 智能制造对人工智能的需求主要表现在（　　）方面。

A. 网络通信　　B. 智能装备　　C. 智能工厂　　D. 智能服务

19. 区块链的特征包括（　　）。

A. 去中心化　　B. 信息不可篡改性　　C. 匿名性　　D. 开放性

20. 下列属于区块链技术模型的有（　　）。

A. 数据层　　B. 网络层　　C. 共识层　　D. 激励层

三、判断题

1. 云连接着网络的另一端，为用户提供了可以按需获取的弹性资源和架构。用户按需付费，大大降低了使用成本。（　　）

2. 基础设施即服务（IaaS）是最底层的硬件资源，主要包括 CPU（计算资源）、硬盘（存储资源）、网卡（网络资源）等。（　　）

3. 云服务客户可以通过网络，随时随地获得无限多的物理或虚拟资源。（　　）

4. 平台是最底层的硬件资源。（　　）

5. 杀毒云是云计算的一个应用场景。（　　）

6. 在物联网中，一个牙刷、一条轮胎、一座房屋甚至一张纸巾都可以作为网络的终端，即世界上的任何物品都能连入网络。（　　）

7. 数据传输层相当于人体的大脑，起到存储和处理的作用，包括数据存储、管理和分析平台。（　　）

8. 感知控制层直接面向用户，满足各种应用需求，如智能交通、智慧农业、智慧医疗、智能工业等。（　　）

9. 云计算、大数据和物联网代表了 IT 领域最新的技术发展趋势，三者没有联系。（　　）

10. 从整体上看，大数据、云计算和物联网这三者是相辅相成的。（　　）

11. 苹果公司的 Siri 就是一个典型的弱人工智能，它只能执行有限的预设功能。（　　）
12. 比特币是最具代表性的数字货币。（　　）

应会考核

1. 请阐述云计算的概念。
2. 请阐述云计算的类型。
3. 请阐述物联网的概念及物联网各层的功能。
4. 请阐述人工智能的概念。
5. 请阐述人工智能的分类。
6. 请阐述数字货币的概念。
7. 请阐述区块链的特征。

参考文献

REFERENCE

［1］林子雨．大数据技术原理与应用：概念、存储、处理、分析与应用：高职版［M］．4 版．北京：人民邮电出版社，2025.

［2］康路晨．一本书读懂大数据时代［M］．北京：民主与建设出版社，2015.

［3］魏苗，陈述，吴禀雅．大数据分析导论［M］．北京：电子工业出版社，2019.

［4］武志学．大数据导论：思维、技术与应用［M］．北京：人民邮电出版社，2019.

［5］黑马程序员．数据分析思维与可视化［M］．北京：清华大学出版社，2019.

［6］王爱红，吴健．大数据基础：走进大数据［M］．北京：电子工业出版社，2019.

［7］托马斯·埃尔，等．大数据导论［M］．彭智勇，杨先娣，译．北京：机械工业出版社，2017.

［8］杨毅，等．大数据技术基础与应用导论［M］．北京：电子工业出版社，2018.

［9］林子雨．大数据导论：数据思维、数据能力和数据伦理：通识课版［M］．2 版．北京：高等教育出版社，2024.

［10］娄岩．大数据应用基础［M］．北京：科学出版社，2020.

［11］丁磊．生成式人工智能：AIGC 的逻辑与应用［M］．北京：中信出版集团，2023.

［12］罗素（Russell，S. J.），诺维格（Norvig，P.）．人工智能：一种现代的方法：第 3 版［M］．殷建平，等，译．北京：清华大学出版社，2013.

［13］贵州省大数据发展管理局：http://dsj.guizhou.gov.cn/.

［14］深度开源：https://www.open-open.com/.

附　录

附录 1

大数据常见术语表

大数据的出现带来了许多新的术语，但这些术语往往比较难以理解。因此，我们通过附录给出一个常用的大数据术语表，供大家深入了解。当然，这份术语表并没有包含所有的大数据术语，有待完善。

A

聚合（Aggregation）——搜索、合并、显示数据的过程。

算法（Algorithms）——可以完成某种数据分析的数学公式。

分析法（Analytics）——用于发现数据的内在含义。

异常检测（Anomaly Detection）——在数据集中搜索与预期模式或行为不匹配的数据项。除了“Anomalies”，用来表示异常的词有以下几个：outliers，exceptions，surprises，contaminants。它们通常可提供关键的可执行信息。

匿名化（Anonymization）——使数据匿名，即移除所有与个人隐私相关的数据。

应用（Application）——实现某种特定功能的计算机软件。

人工智能（Artificial Intelligence，AI）——研发智能机器和智能软件，这些智能设备能够感知周遭的环境，并根据要求作出相应的反应，甚至能自我学习。

B

行为分析法（Behavioural Analytics）——这种分析法是根据用户的行为如“怎么做”、“为什么这么做”，以及“做了什么”来得出结论，而不是仅仅针对人物和时间的一门分析学科，它着眼于数据中的人性化模式。

大数据科学家（Big Data Scientist）——能够设计大数据算法使得大数据变得有用的人。

大数据创业公司（Big Data Startup）——研发最新大数据技术的新兴公司。

生物识别技术（Biometrics）——根据个人的特征进行身份识别。

波字节（Brontobyte，BB）——约等于 1 000 YB（Yottabytes），相当于未来数字化宇宙的大小。

商业智能（Business Intelligence，BI）——一系列理论、方法学和过程，使得数据更容易被理解。

C

分类分析（Classification Analysis）——从数据中获得重要的相关性信息的系统化过程。这类数据也被称为元数据（Metadata），是描述数据的数据。

云计算（Cloud Computing）——构建在网络上的分布式计算系统，数据存储在云端。

聚类分析（Clustering Analysis）——它是将相似的对象聚合在一起，每类相似的对象组合成一个聚类（也叫作簇）的过程。这种分析方法的目的在于分析数据间的差异和相似性。

冷数据存储（Cold Data Storage）——在低功耗服务器上存储那些几乎不被使用的旧数据。但这些数据检索起来将会很耗时。

对比分析（Comparative Analysis）——在非常大的数据集中进行模式匹配时，进行一步步的对比和计算过程得到分析结果。

复杂结构的数据（Complex Structured Data）——由两个或多个复杂而相互关联部分组成的数据，这类数据不能简单地由结构化查询语言或工具（SQL）解析。

计算机生产的数据（Computer Generated Data）——如日志文件这类由计算机生成的数据。

并发（Concurrency）——同时执行多个任务或运行多个进程。

相关性分析（Correlation Analysis）——一种数据分析方法，用于分析变量之间是否存在相关性。

客户关系管理（Customer Relationship Management，CRM）——用于管理销售、业务过程的一种技术，大数据将影响公司的客户关系管理的策略。

D

仪表板（Dashboard）——使用算法分析数据，并将结果用图表形式显示于仪表板中。

数据聚合工具（Data Aggregation Tools）——将分散于众多数据源的数据转化成一个全新数据源的过程。

数据分析师（Data Analyst）——从事数据分析、建模、清理、处理的专业人员。

数据库（Database）——一个以某种特定的技术来存储数据集合的仓库。

数据库即服务（Database-as-a-Service）——部署在云端的数据库，即用即付，例如亚马逊云服务（Amazon Web Services，AWS）。

数据库管理系统（Database Management System，DBMS）——收集、存储数据，并提供数据的访问。

数据中心（Data Center）——一个实体地点，放置用来存储数据的服务器。

数据清洗（Data Cleansing）——对数据进行重新审查和校验的过程，目的在于删除重复信息、纠正存在的错误，并提高数据的一致性。

数据管理员（Data Custodian）——负责维护数据存储所需技术环境的专业技术人员。

数据道德准则（Data Ethical Guidelines）——这些准则有助于组织机构使其数据透明

化，保证数据的简洁、安全及隐私。

数据市场（Data Marketplace）——进行数据集买卖的在线交易场所。

数据挖掘（Data Mining）——从数据集中发掘特定模式或信息的过程。

数据建模（Data Modeling）——使用数据建模技术来分析数据对象，以此洞悉数据的内在含义。

数据集（Data Set）——大量数据的集合。

数据虚拟化（Data Virtualization）——数据整合的过程，以此获得更多的数据信息。这个过程通常会引入其他技术，如数据库、应用程序、文件系统、网页技术、大数据技术等。

去身份识别（De-identification）——也称为匿名化（Anonymization），确保个人不会通过数据被识别。

判别分析（Discriminant Analysis）——将数据分类，按不同的分类方式，可将数据分配到不同的群组、类别或目录；是一种统计分析法，可以对数据中某些群组或集群的已知信息进行分析，并从中获取分类规则。

分布式文件系统（Distributed File System）——提供简化的、高可用的方式来存储、分析、处理数据的系统。

文件存储数据库（Document Store Databases）——又称为文档数据库（Document-oriented Database），是为存储、管理、恢复文档数据而专门设计的数据库。

E

企业资源计划（Enterprise Resource Planning，ERP）系统——一种集成化的管理信息系统，将企业的财务、采购、销售、库存、生产等各个业务环节进行整合，通过信息化手段实现数据共享和流程优化，帮助企业提高运营效率、降低成本、提升管理水平和决策能力。

探索性分析（Exploratory Analysis）——在没有标准的流程或方法的情况下从数据中发掘模式，是一种发掘数据和数据集的主要特性的方法。

艾字节（Exabyte，EB）——1 EB 等于 1 024 PB（Petabytes）。

抽取、转换和加载（Extract，Transform and Load，ETL）——一种用于数据库或数据仓库的处理过程，即从各种不同的数据源抽取（E）数据，并转换（T）成能满足业务需要的数据，最后将其加载（L）到数据库。

F

故障切换（Failover）——当系统中某个服务器发生故障时，能自动地将运行任务切换到另一个可用的服务器或节点上。

容错设计（Fault-tolerant Design）——一个支持容错设计的系统应该能够做到当某一部分出现故障时也能继续运行。

G

游戏化（Gamification）——在其他非游戏领域中运用游戏的思维和机制，这种方法可以以一种十分友好的方式进行数据的创建和侦测，非常有效。

图形数据库（Graph Database）—— 运用图结构（由节点、边、属性构成，节点表示实体，边表示实体间关系，属性描述实体 / 关系特征 ）存储数据，通过边为相邻节点建立直接关联，支持高效的关联查询，不需要像关系型数据库那样依赖外键等间接方式。

网格计算（Grid Computing）——将许多分布在不同地点的计算机连接在一起，用以处理某个特定问题，通常是通过云将计算机连在一起。

H

Hadoop——一个开源的分布式系统基础框架，可用于开发分布式程序，进行大数据的运算与存储。

Hadoop 数据库（HBase）——一个开源的非关系型分布式数据库，与 Hadoop 框架共同使用。

HDFS——Hadoop 分布式文件系统（Hadoop Distributed File System），是一个被设计成适合运行在通用硬件（Commodity Hardware）上的分布式文件系统。

高性能计算（High Performance Computing，HPC）——使用超级计算机来解决复杂的计算问题。

I

内存数据库管理系统（In-Memory Database Management System，IMDBMS）——一种数据库管理系统，与普通数据库管理系统的不同之处在于，它用主存来存储数据，而非硬盘。其特点在于能够快速地进行数据的处理和存取。

物联网（Internet of Things，IOT）——在普通的设备中装上传感器，使这些设备能够在任何时间、任何地点与网络相连。

J

法律上的数据一致性（Juridical Data Compliance）——当你使用的云计算解决方案将你的数据存储在不同国家时，就会与这个概念扯上关系了。你需要留意这些存储在不同国家的数据是否符合当地法律的规定。

K

键值数据库（Key/Value Database）——数据的存储方式是使用一个特定的键，指向一个特定的数据记录，这种方式使得数据的查找更加方便、快捷。键值数据库中所存储的数据通常为编程语言中基本数据类型的数据。

L

延迟（Latency）——表示系统时间的延迟。

遗留系统（Legacy System）——一种旧的应用程序，或是旧的技术，或是旧的计算系统。

负载均衡（Load Balancing）——将工作量分配到多台计算机或服务器上，以获得最优的结果和最大的系统利用率。

位置数据（Location Data）——GPS 信息，即地理位置信息。

日志文件（Log File）——由计算机系统自动生成的文件，记录系统的运行过程。

M

M2M 数据（Machine to Machine Data）—— 两台或多台机器间交流与传输的内容。

机器数据（Machine Data）——由传感器或算法在机器上产生的数据。

机器学习（Machine Learning）——人工智能的一部分，指的是机器能够从它们所完成的任务中进行自我学习，通过长期的累积实现自我改进。

MapReduce——一种处理大规模数据的软件框架（Map：映射，Reduce：归纳）。

大规模并行处理（Massively Parallel Processing，MPP）——同时使用多个处理器（或多台计算机）处理同一个计算任务。

元数据（Metadata）——被称为描述数据的数据，即描述数据属性（数据是什么）的信息。

MongoDB——一种开源的非关系型数据库（NoSQL Database）。

多维数据库（Multi-Dimensional Database）——用于优化数据联机分析处理（OLAP）程序和数据仓库的一种数据库。

多值数据库（Multi-value Database）——一种非关系型数据库（NoSQL），也是一种特殊的多维数据库，能处理 3 个维度的数据，能够完美地处理 HTML 和 XML 中的字符串。

N

自然语言处理（Natural Language Processing）——计算机科学的一个分支领域，它研究如何实现计算机与人类语言之间的交互。

网络分析（Network Analysis）——分析网络或图论中节点间的关系，即分析网络中节点间的连接和强度关系。

NewSQL——一类新式的关系型数据库系统，比 SQL 更易学习和使用，比 NoSQL 提出得更晚。

O

对象数据库（Object Database）——（也称为面向对象数据库）以对象的形式存储数据，用于面向对象的编程。它不同于关系型数据库和图形数据库，大部分对象数据库都提供一种查询语言，允许使用声明式编程（Declarative Programming）访问对象。

基于对象的图像分析（Object-based Image Analysis）——数字图像分析方法是对每一个像素的数据进行分析，而基于对象的图像分析则只分析相关像素的数据，这些相关像素被称为对象或图像对象。

操作型数据库（Operational Database）——这类数据库可以完成一个组织机构的常规操作，对商业运营来说非常重要，一般使用在线事务处理，允许用户访问、收集、检索企业内部的具体信息。

优化分析（Optimization Analysis）——在进行产品设计时依靠算法来实现的优化过程，在这一过程中，企业可以设计各种各样的产品并测试这些产品是否满足预设值。

本体论（Ontology）——表示知识本体，用于定义一个领域中的概念集及概念之间的关系。

异常值检测（Outlier Detection）——异常值是指严重偏离一个数据集或一个数据组合总平均值的对象，该对象与数据集中的其他对象相去甚远，因此，异常值的出现意味着系统出现问题，需要对此另加分析。

P

模式识别（Pattern Recognition）——通过算法识别数据中的模式，并对同一数据源中的新数据进行预测。

拍字节（Petabyte，PB）——1 PB 等于 1 024 TB（Terabytes）。

平台即服务（Platform-as-a-Service，PaaS）——一种为云计算解决方案提供所有必需的基础平台的服务。

预测分析（Predictive Analysis）——大数据分析方法中最有价值的一种分析方法，这种方法有助于预测个人未来（近期）的行为，例如某人很可能会买某些商品，可能会访问某些网站，做某些事情或者产生某种行为。这种方法通过使用各种不同的数据集，如历史数据、事务数据、社交数据，或者客户的个人信息数据，来识别风险和机遇。

隐私（Privacy）——将具有可识别出个人信息的数据与其他数据分离开，以保护用户隐私。

公共数据（Public Data）——由公共基金创建的公共信息或公共数据集。

Q

量化自我（Quantified Self）——使用应用程序跟踪用户一天的行动，从而更好地理解其相关行为。

查询（Query）——查找与某个问题的答案有关的信息。

R

再识别（Re-identification）——将多个数据集合并在一起，从匿名化的数据中识别出个人信息。

回归分析（Regression Analysis）——确定两个变量间的依赖关系。这种方法假设两个变量之间存在单向的因果关系。

射频识别（Radio Frequency Identification，RFID）——使用一种无线非接触式射频电磁式传感器来传输数据。

实时数据（Real-time Data）—— 在几毫秒内被创建、处理、存储、分析并显示的数据。

推荐引擎（Recommendation Engine）——一种根据用户的购买行为向用户推荐某种产品的工具。

路径分析（Route Analysis）——针对某种运输方法，通过使用多种不同的变量分析来找到一条最优路径，以达到降低燃料费用、提高运输效率的目的。

S

情感分析（Sentiment Analysis）——通过算法分析人们是如何看待某些话题的。

信号分析（Signal Analysis）——通过度量随时间或空间变化的物理量来分析产品的性能。

相似性搜索（Similarity Search）——在数据库中查询最相似的对象，这里所说的对象可以是任意类型的数据。

仿真分析（Simulation Analysis）——仿真是指模拟真实环境中的进程或系统的操作。仿真分析可以在仿真时考虑多种变量，以确保产品性能达到最优。

智能网格（Smart Grid）——在能源网中使用传感器实时监控其运行状态，有助于提高效率。

软件即服务（Software-as-a-Service，SaaS）——一种通过浏览器使用的基于互联网的应用软件。

空间分析（Spatial Analysis）——分析地理信息或拓扑信息等空间数据，从中得出分布在地理空间中的数据模式和规律。

结构化查询语言（Structured Query Language，SQL）——在关系型数据库中，用于检索数据的一种编程语言。

结构化数据（Structured Data）——可以组织成行列结构的可识别的数据。这类数据通常是一条记录，或者是一个文件，或者是被正确标记过的数据中的某一个字段，并且可以被精确地定位到。

T

太字节（Terabyte，TB）——1 TB 等于 1 024 GB（Gigabytes）。

时序分析（Time Series Analysis）——分析在重复测量时间内获得的定义好的数据。分析的数据必须是定义好的，并且要取自相同时间间隔的连续时间点。

拓扑数据分析（Topological Data Analysis）——拓扑数据分析主要关注三点：复合数据模型、集群的识别，以及数据的统计学意义。

交易数据（Transactional Data）——随时间变化的动态数据。

透明性（Transparency）—— 消费者想要知道他们的数据有什么作用、被如何处理，而组织机构则把这些信息都透明化了。

U

非结构化数据（Unstructured Data）——非结构化数据一般是大量纯文本数据，其中可能包含日期、数字和实例。

V

价值（Value）——（大数据 4V 特点之一）所有可用的数据，能为组织机构、社会、消费者创造出巨大的价值。这意味着各大企业及整个产业都将从大数据中获益。

可变性（Variability）——数据的含义总是在快速变化。例如，一个词在相同的推文中可以有完全不同的意思。

多样（Variety）——（大数据 4V 特点之一）数据总是以各种不同的形式呈现，如结构化数据、非结构化数据和复杂结构化数据。

高速（Velocity）——（大数据 4V 特点之一）在大数据时代，数据的创建、存储、分析、虚拟化都要求被高速处理。

真实性（Veracity）——组织机构需要确保数据的真实性，才能保证数据分析的正确性。因此，真实性（Veracity）是指数据的正确性。

可视化（Visualization）——可视化不仅指普通的图形或饼图，还包括复杂的图表，图表中包含大量可以被理解和阅读的数据信息。

大量（Volume）——（大数据 4V 特点之一）指数据量大。

W

天气数据（Weather Data）——一种重要的开放公共数据来源，当与其他数据来源结合时，可以为相关组织机构提供深入分析的依据。

X

XML 数据库（XML Database）——一种以 XML 格式存储数据的数据库。XML 数据库通常与面向文档的数据库关联，开发人员可以对 XML 数据库的数据进行查询、导出以及按指定的格式序列化。

Y

尧字节（Yottabyte，YB）—— 1 YB 等于 1 024 ZB（Zettabytes）。

Z

泽字节（Zettabyte，ZB）—— 1 ZB 等于 1 024 EB（Exabytes）。

附录 2

延伸阅读

数据智能白皮书（2024 年）

人工智能发展报告（2024 年）

中国数字经济发展研究报告（2024 年）

2025“人工智能十”行业发展蓝皮书

图书在版编目（CIP）数据

大数据基础 / 姚培荣主编．-- 2 版．-- 北京：中国人民大学出版社，2025.7．--（新编 21 世纪高等职业教育精品教材）．-- ISBN 978-7-300-34108-8

Ⅰ．TP274

中国国家版本馆 CIP 数据核字第 2025WS1939 号

校企“双元”合作开发教材

新编 21 世纪高等职业教育精品教材·通识课系列

大数据基础（第二版）

主　编　姚培荣

副主编　滕延秀　朱　敏

参　编　张昭君　秦　敏　王　坤

主　审　刘曙光（新道科技股份有限公司副总裁）

Dashuju Jichu

出版发行	中国人民大学出版社		
社　　址	北京中关村大街 31 号	**邮政编码**	100080
电　　话	010－62511242（总编室）		010－62511770（质管部）
	010－82501766（邮购部）		010－62514148（门市部）
	010－62511173（发行公司）		010－62515275（盗版举报）
网　　址	http://www.crup.com.cn		
经　　销	新华书店		
印　　刷	北京昌联印刷有限公司	**版　　次**	2021 年 6 月第 1 版
开　　本	787 mm×1092 mm　1/16		2025 年 7 月第 2 版
印　　张	13.75	**印　　次**	2025 年 7 月第 1 次印刷
字　　数	312 000	**定　　价**	42.00 元
